想象另一种可能

理
想
国

imaginist

THE SHOCK OF THE OLD

老科技的全球史

Technology and Global History since 1900

David Edgerton

［英］大卫·艾杰顿 著

李尚仁 译

九州出版社
JIUZHOUPRESS

THE SHOCK OF THE OLD: Technology and Global History since 1900
by David Edgerton

图书在版编目(CIP)数据

老科技的全球史 / (英) 大卫 · 艾杰顿著 ; 李尚仁译 .
-- 北京 : 九州出版社 , 2018.12

ISBN 978-7-5108-7688-2

Ⅰ . ①老… Ⅱ . ①大… ②李… Ⅲ . ①科学技术—技术史—世界 Ⅳ . ① N091

中国版本图书馆 CIP 数据核字 (2018) 第 282246 号

老科技的全球史

作　　者	[英] 大卫·艾杰顿 著
出版发行	九州出版社
地　　址	北京市西城区阜外大街甲35号（100037）
发行电话	（010）68992190/3/5/6
网　　址	www.jiuzhoupress.com
电子信箱	jiuzhou@jiuzhoupress.com
印　　刷	山东临沂新华印刷物流集团有限责任公司
开　　本	1270mm × 960mm　1/32
印　　张	8.75
字　　数	200千
版　　次	2019年3月第1版
印　　次	2019年3月第1次印刷
书　　号	ISBN 978-7-5108-7688-2
定　　价	48.00元

目录

我站在山丘上看见旧事物前来，

但它却是以新事物的面貌出现。

它拄着前所未见的新拐杖蹒跚而行，

且在腐朽中发出闻所未闻的新臭味。

——贝尔托特 · 布莱希特 (Bertolt Brecht,1939)，引自《旧之新的游行》(Parade of the Old New)，收入约翰 · 威列特与拉尔夫 · 曼海姆主编的《贝尔托特 · 布莱希特：诗集，1913—1956》(John Willett and Ralph Manheim eds., *Bertolt Brecht: Poems 1913—1956*, London: Methuen, 1987), 第 323 页。

导 论

大多数的科技史是为各个时代的男孩所写，这本书则是为所有性别的成人而写。我们已经和科技共同生活了漫长的时光，整体而言，我们对科技已有相当的认识。从经济学者到生态学者、从古玩爱好者到历史学者，人们对周边的物质世界及其变迁皆有不同的看法。然而太常出现的状况是：在讨论科技的过去、现在与未来时，议程是由那些提倡新科技的人设定的。

这些人高高在上地向我们宣扬科技，使得我们只想到新奇与未来。过去数十年来，“科技”一词和“发明”（创造出新的观念）与“创新”（新观念的首度应用）紧密地联结在一起。在谈论科技时，重点总是放在研发、专利以及初期的使用，用来指称后者的术语是“传播”(diffusion)。纵使科技史有许多不同的断代方式，但其依据都是发明与创新的日期。20世纪最重要的科技常常简化为航空（1903）、核能（1945）、避孕药（1955）与因特网（1965）。它们告知我们变迁的速度越来越快，而且新科技越来越强大。大师们坚称，科技正使世界进入新的历史纪元。据说在新经济新时代，在我们这个后工业与后现代情境里，关于过去与当下的知识越来越无关紧要。即使在后现代，发明家仍旧“超越他们的时代”，社会则仍受到过去的束缚，以至于出现所谓太慢采用新科技的情况。

太阳底下有新鲜事，世界确实正在剧烈转变，但上述思维方式却仍一成不变。强调未来让人觉得似乎很有原创性，但这种未来学其实相当老套。认为发明家超越了他们的时代，而科学与技术的进展速度超过人类社会的应对能力，这样的观念早在 19 世纪就已经是老生常谈。20 世纪初提出“文化滞后”（cultural lag）* 这个标签，让上述说法获得学术界的采用。在 20 世纪 50 年代之后，一个人可以大言不惭地宣称“未来就深植在科学家的身上”；到了 20 世纪末，未来主义已经是陈腔滥调。“具有科技感的未来”很长时间里其实没有发生任何变化。知识分子宣称“后现代”建筑预示着新的未来，但这种新的未来却是那改变一切的旧式科技革命或工业革命带来的。

就科技而言，炒冷饭的未来主义吸引力历久不衰，即使它的不合时宜早已公之于世。科技的未来一如往常迈步向前。举例而言，2004 年 3 月 27 日美国国家航空航天局（NASA）的 X-43A 太空飞机首度试飞成功，虽然飞行时间只有 10 秒，依然成为全球新闻。报纸新闻报道：“从小鹰镇到 X-43A，是一个世纪的持续进步……（速度）从每小时 7 英里到 7 马赫，† 是过去一百年来飞行能力进展的惊人标志。”[1] 我们很快就能再次享受从伦敦到澳大利亚的即时旅行。

在这光鲜的表象背后有着另一个故事，会让上述这个老掉牙的故事漏洞百出。在 1959 年到 1968 年间，B-52 轰炸机每隔几星期就会从加州爱德华兹空军基地起飞，机翼下搭载着 X-15 太空飞机。当 B-52

---

* “文化滞后”的概念基于这样一个理论设定，即我们的文化发展需要一定时间才能赶上科技创新的脚步，这种滞后造成了各类社会问题和矛盾。——编者注（除特别标注外，本书脚注均为译者注。）

† 位于北卡罗来纳州的小鹰镇（Kitty Hawk）是莱特兄弟实验飞机飞行的地点。马赫（Mach）是表示速度的词，1 马赫等于 1 倍音速。

抵达高空时，X-15 就会发动火箭发动机，由穿着银色加压宇宙飞行服的“研究飞行员”驾驶，以 6.7 马赫的速度飞抵大气层即将接触太空的边缘。当时共有 3 架 X-15 以及 12 位研究飞行员。这些工程师—飞行员（engineer-pilots）嗜酒成性，大多是退役的战斗部队军人，登陆月球的尼尔 · 阿姆斯特朗也是其中一员。正如汤姆 · 沃尔夫在《太空英雄》（*The Right Stuff*）* 一书中描写的，他们看不起一般航天员，称后者为“罐头牛肉”（spam in the can）。航天员后来声名大噪，而精英的 X-15 飞行员则如其中一位所说，只能感叹在 20 世纪 90 年代初他仍旧是“驾驶过全世界最快飞机的飞行员。我年纪已经大了，应该要让年轻人享有这样的殊荣”。[2] 过去与现在还有更直接的关联，把 X-43A 与其辅助火箭载上高空的，正是 X-15 研发计划中所使用的 B-52 轰炸机，这是目前全世界役龄最老的轰炸机。[3] B-52 轰炸机是在 20 世纪 50 年代开始制造的。不仅如此，X-43A 所使用的关键科技是超音速燃烧冲压式喷气发动机〔scramjet，冲压式喷气发动机（ramjet）的超音速版〕，这是已有数十年历史的技术，最早用在 20 世纪 50 年代设计的英国“警犬”（Bloodhound）防空导弹上，此导弹则一直服役至 20 世纪 90 年代。换言之，X-43A 的新闻故事也可说是 ：“用 20 世纪 50 年代的飞机，发射了超音速燃烧冲压喷气式无人飞机，其速度比 60 年代‘太空英雄’飞机稍微快一点点。”

* 汤姆 · 沃尔夫（ 1931—2018），当代美国作家，以纪实文学作品著名。《太空英雄》出版于 1969 年，是沃尔夫对太空飞机研究飞行员广泛访谈后写成的作品。繁体中译本参见汤姆 · 沃尔夫著，张时译，《太空英雄》（台北市 ：皇冠，1984）。

◎◎◎

以“使用中的科技”（technology-in-use）作为思考的出发点，将会出现一幅完全不同的科技图景，甚至也可能形成一幅完全不同的发明与创新图景。[4]整个隐形的科技世界随之浮现。过去的科技地图是根据创新的时间轴绘制的，思考“使用中的科技”则会引领我们重新思考对地图上的科技时间（technological time）的看法。它带来的历史无法套用一般的现代性框架，并且反驳以创新为中心的说法背后的某些重要预设。更重要的是，“使用中的科技”新视角会改变我们对何者才是最重要的科技之认定，它会产生一部涵盖全球的历史。至于以创新为中心的历史，虽然号称具有普适性，其实仅局限于少数地方。

此一新史观之不同以往，会令人诧异。例如，蒸汽动力向来被认为是工业革命的特征，然而它在 1900 年的绝对重要性与相对重要性，都远高于 1800 年。即使在率先工业革命的英国，蒸汽动力的绝对重要性在 1900 年后仍持续增加。英国在 20 世纪 50 年代的煤使用量，远高于 19 世纪 50 年代。全世界在 2000 年所消耗的煤，远高于 1950 年或 1900 年。2000 年世界上的汽车、飞机、木制家具与棉织品也都多于以往，全球海运吨位持续增加。我们仍在使用公共汽车、火车、收音机、电视与电影，而纸张、水泥与钢铁的消费量是越来越高。纵使计算机这项 20 世纪晚期关键新科技出现已有数十年，书本的印行量依然持续增加。后现代世界拥有年纪 40 岁的核电厂与年纪 50 岁的轰炸机。这不只是科技怀旧风而已：后现代世界有新的远洋邮轮、有机食物以及用复古乐器演奏的古典音乐。甚至已经过世的 20 世纪 60 年代摇滚歌星，其作品仍有巨大销售量。而今天的小孩仍旧爱看他们祖父母小时候观赏的迪斯尼影片。

以使用为中心的历史，并非只是把科技时间往怀旧的方向推移。

正如布鲁诺·拉图尔适切地点出，现代人所相信的现代，从未存在过。不论是前现代、后现代或现代，时间总是混杂一气。*我们用新的器物也用旧的器物工作，同时使用铁锤与电钻。[5]科技在以使用为中心的历史中不只会出现，还会消失与重新出现，进行跨世纪的混搭。自20世纪60年代晚期以来，全球每年自行车的生产量都远超过汽车。[6]断头台在20世纪40年代一度令人胆寒地重新登场。20世纪50年代走向没落的有线电视，在80年代卷土重来。所谓落伍的战列舰，在第二次世界大战中参与的战役超过了第一次世界大战。此外，20世纪还出现一些科技倒退的案例。

以使用为基础的历史不只会扰乱我们那整齐划一的进步时间轴，我们心目中最重要的科技也会因之改变。我们对重要性的评估是以创新为中心的，也结合了有关现代性的特定说法——此说法视某些科技为关键。在新的科技图景中，20世纪不只有电力、大量生产、航空与航天飞行学、核能、因特网与避孕药，也包含了人力车、避孕套、马匹、缝纫机、织布机、哈伯–博施法†、煤炭氢化、硬质合金工

---

* 布鲁诺·拉图尔（1947—），法国科技研究 (Science and Technology Studies, STS) 理论家与哲学家。现代时间观认为“现代”来自和“传统”“过去”的断裂，我们活在一个和过去截然不同的崭新时代。艾杰顿在此呼应拉图尔对现代时间观的批判，认为这种断裂并不存在，我们生活的世界充满了来自不同时间的事物与技术；历史时间不是一去不复返的线性时间，而是混杂多重的。

† 哈伯–博施法，让氮气与氢气产生化学反应来制造氨的方法，可用于制造化学肥料或火药。此方法为德国化学家弗里茨·哈伯（1868—1934）于20世纪初发现，哈伯因此在1918年获颁诺贝尔化学奖。此生产方法由德国化学公司巴斯夫（BASF）购得，该公司的化学工程师卡尔·博施（1874—1940）成功将此方法扩大用于工业生产。参见 Noretta Koertge (ed.), *New Dictionary of Scientific Biography* (Detroit : Charles Scribner's Sons/Thomson Gale, 2008), Vol.3, pp.203-206。

具、[*]自行车、波纹铁皮、水泥、石棉、DDT 杀虫剂、电锯与冰箱。马匹对纳粹征服战役的贡献远大于 V-2 火箭。

以使用为基础的历史以及新的发明史，其核心特征是几乎所有的科技都有替代品：世上有多种多样的军事科技、发电方式、汽车动力、信息储存与处理的方式、金属切割法以及建筑物屋顶施工法。平常所见的历史书写方式却对这些替代选择视若无睹，以为它们并不存在或是不可能。

以使用为基础的历史有个特别重要的特征，那就是它可以是真正的全球史，涵盖所有使用科技的地方，而不是少数创新与发明集中出现的地点。在以创新为中心的叙述中，大多数的地方并无科技史；以使用为中心的叙述，几乎所有地方都有科技史。以使用为中心的叙述带来和全世界所有人都有关的历史，因为世界上大多数的人口都是穷人、非白种人，而且有一半是女人。使用的观点指出 20 世纪出现的新科技世界之重要性，而这个世界在过去的科技史中却无一席之地。这些科技当中，最重要的是穷人的新科技。它们之所以被遗漏，是因为一般认为贫穷世界只有传统的本土技术，缺乏富裕世界的科技，或受害于帝国的科技暴力。当我们思考城市时，我们应该同时想到贫民的“油桶城”和科幻的“未来城”；我们不应该只想到勒 · 柯布西耶[†]规划的城市，也要想到没有规划的贫民区，后者不是由大承包商建造，而是数以百万计的人各自经年累月搭建的自建房。这就是我所谓的克

---

* 硬质合金（cemented-carbide）是在熔炉中使用镍合金或钴合金来接合硬度极高的碳化钨颗粒所形成，可用来制造切割金属的工具。相关简介可参见国际钨工业协会（International Tungsten Industry Association）的网站：http://www.itia.info/cemented-carbides.html（2015 年 2 月 23 日上午 11 点 33 分访问）。

† 勒 · 柯布西耶（1887—1965），法国建筑师与都市规划思想家，鼓吹使用现代工业科技与工程理性设计的功能主义建筑和都市规划。

图 1 大约介于 1900 年与 1910 之间，在叙利亚阿勒波（Aleppo）附近的柏林–巴格达铁路兴建工地，一只骡子在铁轨上拖着器械。不论是富裕国家或贫穷国家，骡子和铁路在 20 世纪都是极为重要的科技。

里奥尔科技*的世界，这种科技从起源地移植到其他地方从而获得更大规模的使用。

这种新研究取向带来的结果之一，是我们的注意力从新的科技转移到旧的科技、从大型科技转移到小型科技、从壮观的科技转移到平凡无奇的科技、从男性的科技转移到女性的科技、从有钱人的科技转

* 克里奥尔（creole）一词原本用来指称父母是出生于欧洲的第一代移民，自己则是在殖民地或移居地出生的欧洲后裔，也用以指称此类移民区域所使用混合两种或两种以上语言的语言，或是如此混合的烹饪方式。

移到穷人的科技。然而其核心是重新思考一切科技的历史，包括富裕白人世界大型、壮观、男性的高科技之历史。尽管有种种的批判，事实上对于 20 世纪的科技与历史，我们还没有一套连贯的生产主义的、男性的、唯物论的解释。我们仍有一些有待探讨的大议题，某些大问题悬而未决的程度令人惊讶。

以使用为中心的叙述，也反驳了以创新为中心的历史中某些根深蒂固的结论。例如，国家创新会决定国家是否成功，这个预设的立论基础就会站不住脚；20 世纪最创新的国家并不是发展最快的国家。或许从使用的角度所产生最令人惊讶的批评是，以创新为中心的历史无法充分解释发明与创新。以创新为中心的历史把焦点放在某些后来变得重要的科技的早期历史上。然而，发明与创新的历史必须把焦点放在特定时间内的所有发明与创新上，不论它们后来成功或失败。它也必须关照所有的科技发明与创新，而不能偏好那些因为名声响亮而获得偏爱、被视为重要的科技。传统以创新为中心的历史会写到比尔·盖茨，但发明与创新的历史也应该包括靠大量生产销售木制家具而致富的英瓦尔·坎普拉德。他创建了宜家家居公司（IKEA），有些人认为他比盖茨还有钱。更重要的是，我们的历史应该为那些大多以失败收场的发明与创新留下一席之地：大多数的发明从未为人所使用，许多的创新以失败告终。

以创新为中心的观点也误导了我们对科学家和工程师的看法。科学家与工程师将自己呈现为创造者、设计者、研究者，这种史观也加强了这样的印象。然而，大多数科学家与工程师主要从事的是物品与工序的运作和维护工作，他们关心的是物品的使用，而非发明或开发。以往我们谈论科技时，以创新为中心的未来主义一直占据重要地位，考虑到这一点，历史特别能够成为我们重新思考科技的强大工具。历史揭露出，科技未来主义大致上没有随时间改变，目前我们对未来的

图 2 美国之所以成为世界上最富裕的农业国家之一，部分要归功于创造出高度机械化却由动物提供动力的农业。在这张 1941 年拍摄于华盛顿州瓦拉瓦拉县（Walla Walla County）的照片里，一位农夫驾着由 20 匹骡子拖拉的收割机在麦田里作业。某些区域在 25 年前就已经用拖拉机取代了马和骡子。

愿景呈现出令人惊讶而又无自觉的缺乏原创性的特征。就以承诺会带来世界和平的那一长串技术为例：交通与通信科技，从铁路与蒸汽船到无线电与飞机，以及现在的因特网，似乎都让世界变得更小，也让人们团聚，因而确保了长久的和平。用作毁灭的科技，像是巨大的铁甲战舰、诺贝尔的火药、轰炸机和原子弹，是如此强而有力，以至于它们会迫使世界各国修好。解放受压迫者的诸多新科技：在新科技用人唯才的民主要求下，旧的阶级体制将会萎缩；少数族群会得到新的机会——在汽车时代担任司机，在航空时代担任飞行员，在信息时代担任计算机专家。从吸尘器到洗衣机在内的新家用科技将会解放妇女。

科技超越国界，国族的差异将会随之消散无踪。随着世界各地不可避免地使用相同的科技，政治体制也会趋同。社会主义和资本主义的世界将合而为一。

上述论点要有说服力，就必须否认这些科技各自的真实历史，在相当惊人的程度上人们也的确这么做了。即使是晚近的历史，也在持续而系统地从我们记忆中抹去。例如在1945年，轰炸机不再是一种创造和平的科技，原子弹取代了其位置。当我们想到信息科技时，就忘了邮政系统、电报、电话、无线电和电视。当我们赞颂在线购物时，邮购目录就消失无踪。在讨论基因工程的优缺点时，好像都忘了还有其他的方法来改变动物和植物，更别说其他增加食物供给的办法。一部关于过去的做事方式以及过去的未来学如何运作的历史，会让当代大部分关于创新的主张站不住脚。

我们必须警觉到，过去的未来学影响了我们的历史。我们因而把焦点放在发明与创新以及那些我们认定为最重要的科技上。这样的文献是二三流知识分子和宣传家的作品，像是韦尔斯*的书以及NASA公关人员的新闻稿，我们从那里得到的是关于科技与历史的一套陈腔滥调。我们不应把这些说法当成有凭有据的知识，因为它们通常不是；而应该把它们当作提问的出发点。哪些是20世纪最重要的科技？世界真的变成一个地球村了吗？文化真的滞后于科技吗？科技的政治与社会效应是革命性的还是保守的？在过去一百年间经济产出的急剧增加是新科技带来的吗？科技改变了战争吗？技术变迁的速度是否越来越快？以上是本书尝试回答的一部分问题，这些问题常常是在以创新为中心的框架中提出的，但它们无法在这一框架中得到解答。

* 韦尔斯（1866—1946），英国著名科幻小说家，同时也拥有新闻记者、政治学家和历史学家等多重身份，代表作有《时间机器》《隐身人》及《世界史纲》等。——编者注

如果我们不再思考“科技”，而是思考各种“物品”，那么这些问题会变得容易回答多了。思考物品的使用，而非思考科技，会联结到我们熟知的世界,而不是那个“科技”存在的奇异世界。当我们说“我们的”科技时，它指的是一个时代或整个社会的科技。相反，“物品”不适用于这样的整体性，也不会联想到那种人们常以为是独立于历史之外的力量。我们像成人般地讨论物品的世界，却像小孩子似地讨论科技。例如，我们都知道物品的使用广泛分布于各个社会。但是物品及其用途的终极控制权，却高度集中于少数社会或社会中的少数人手里。一方面是所有权以及其他形式的权威，另一方面则是对物品的使用，这两者相当彻底地分离了。世界上大多数人住在不属于他们的房子里，在别人的工作场所使用别人的工具工作，事实上他们表面上拥有的许多物品都是靠信贷协议得来的。国家或某些小团体在社会中拥有不成比例的控制权，一些社会拥有的物品比另一些社会多得多。世界上许多地方的许多物品是外国人拥有的。物品以特定方式属于特定的人，科技则非如此。

第一章

重要性

历史上避孕套是否比飞机还重要？我们都知道科技对20世纪的历史影响重大，但到底影响有多重大是很难或无法评估的。同样很难评估的还有“科技是在什么时候产生最大效应的”。我们能够区分科技变迁和其他的变迁吗？衡量重要性（significance）的恰当标准是什么？它是种量化的指标比如说经济影响，还是某种社会和文化效果的质性评估？比如根据电影、报纸版面以及知识分子著作所呈现的科技，来衡量其文化重要性？如果一种科技在这些层面没有产生回响，我们能够觉察到它的重要性吗？以此种标准来看，飞机在文化上非常重要，避孕套则不重要。一旦我们开始严肃思考这些问题，就会为20世纪科技史带来许多新的洞见。

许多表面看来极为权威的故事告诉我们哪些科技在什么时候最重要。他们把焦点放在少数的个案上。通常认为1940年之前电力、汽车和航空是最重要的科技，第二次世界大战之后则是核能、计算机、航天火箭与因特网的时代。[1]这些叙述有时也纳入了某些生物科技，像是新的食品、医药与避孕药，还有一些化学物质。[2]这些说法大同之中当然会有小异。因此有一种说法是，1895年到1940年是电气化时代，1941年到20世纪晚期是摩托动力化的时代，而接下来是经济计算机化的时代。[3]

上面的说法就像是还没进行历史分析就先主张其重要性的离谱说法。1948 年有位分析者论称，世界已经历了特定科技所带来的三次工业革命。第一次工业革命依靠的是铁、蒸汽和纺织，第二次工业革命靠的是化学、大型工业、钢以及新的通信方法，第三次工业革命在 1948 年时仍在进行，这是“电气化、自动机械、生产过程的电子控制、航空运输、无线电等等的时代”。第四次工业革命正要展开：“随着原子能和平流层超音速航空的来临，我们面临更为惊人的第四次工业革命。”[4]在 20 世纪 50 年代，有些人相信在最初的工业革命之后，接下

图 3　火箭从一开始就是一种非常公众的科技。它的公众能见度带来夸大其历史重要性的观念，在 20 世纪 40 年代与 50 年代尤其是如此。这张照片记录了 1950 年 7 月 24 日，在日后被称为卡拉维拉尔角的地点进行的第一次火箭发射。此型火箭是胜利 2 型火箭(Bumper V-2)，这是 V-2 火箭的改良型。

来发生了一场“科学革命”。这场革命发生在20世纪早期到中期，和飞机、电子学及原子能有关。还有人认为第三次工业革命的“警示牌”出现在20世纪40年代，其基础是核能和电子装置的自动化。[5]苏联的“科学技术革命”观念注重自动化，并从20世纪60年代中期开始成为苏共的教条。[6]晚近的分析者则强调，他们从数字计算机和因特网的作用，看到了工业社会彻底转变为后工业社会或信息社会。某些经济学家在这样的背景下发展出一种观念，认为经济史是由少数“通用科技”塑造的。按照时间先后最重要的通用科技分别是：蒸汽动力、电气以及现在的信息与传播科技。

我们该多认真地看待关于这些科技及其在特定时期重要性的这些看法？答案是：这些说法反映了我们自以为是的想法，其基础却不如所想那般稳固。它们的年表明显是以创新为中心的，这类年表蕴含着一种观点，即科技的影响是伴随着创新与初期的使用发生的。这不是唯一的问题。选择这些通用科技是根据什么基础？这些基础坚实吗？例如为何选择蒸汽动力？为何不是包含蒸汽机、汽油与柴油机乃至天然气与蒸汽涡轮在内的热机？同样，电气意味着什么？它显然包括照明与牵引，或许也包括工业用途。不过它包括电子产品吗？电子产品几乎没有什么替代品。如果没有电气，我们能设想电话、电报、广播、雷达和电视吗？然而如果电气包含上述这些科技，那电气和信息传播科技有何区别？这引发的问题是，到底信息传播科技的精确定义是什么？同样重要的是，我们也得追问为何其他科技不在名单上。有许多无所不在的科技，从处理金属的技术（车床或是铣床或许是很好的案例）到有机化学或冶金，都可以纳入选择。

这些选择虽然有足够的一致性而显示出共同的理解，但日期和论证却有相当差异，这表明这些选择并非基于对重要性的详细分析。尽管如此，标准入选名单并没有引起任何惊讶，这显示了把这些科技相连接的其实是高文化能见度，亦即长久以来人们一直宣称它们是20世纪的关键科技。以往的科技宣传太轻易就成了我们的物质世界史。

广播节目、杂志或报纸，有时会请读者或专家挑选史上最重要的发明，结果选择结果常常很奇怪、容易受到挑战而且往往很愚蠢。例如，某个宣扬科技的英国老套广播节目，请听众票选1800年以来最重要的技术发明，结果选出的是自行车。获选为最有益于人类社会的科技是净水和供水系统，洗衣机则当选最重要的家庭科技。[7]这种票选活动的好处是让我们聚焦思考，对什么是最重要的科技共识提出挑战。

评估科技

要如何评估科技的重要性？首先必须区分创新和使用。在大多数情况下，重要科技的选择不只高度偏颇，而且在决定该科技在什么年代最重要时，往往高度以创新为中心。有时发明、开发与创新的过程所费不赀；有时成本能够回收且还有利润，但其效益只有在后来使用时才会出现（有时成本也会增加）。发明、开发与创新通常要过好几十年之后，才会出现大规模的使用。例如，现在离汽车与电气的创新已经超过一个世纪，但其使用量还在增加。有时在回答下面这个有趣的问题时，这些议题会部分地受到注意。富裕国家的经济增长率在20世纪70年代、80年代乃至90年代，要比50年代和60年代的长荣景时期来得缓慢，然而每个人都说新科技正在彻底改变事物。正如一位经济学家所说，信息科技影响了一切，除了生产力数据。对此的反应之一是宣称生产力数据错了，无法显现出信息科技带来的转变。早已习惯于将质性改变列入考虑的统计局，仔细检讨其预设与方法，但结论还是：这确实记录了科技的效果。另一种反应是宣称，信息传播科技就像电气一样，产生影响的时间其实晚于以创新为中心的研究方法所宣称的时间。换言之，对革命时间点的判定有误，或许误差了数十年。然而，年代日期只是问题的开端，因为问题不只在于时间，也包括判断哪种科技重要以及该科技的影响有多大。

使用是不够的

重要不等同于普遍或有用。根本重点是要区别使用（use）与有用（usefulness）、普遍（pervasiveness）与重要（significance）。研究科技的经济史学者就做到了这一点。他们主张某种科技的经济重要性，在于使用此种科技与使用另一种最佳替代科技的成本效益差异。因此，罗伯特·福格尔在评估19世纪美国铁路的重要性时，并非预设没有铁路就无法运输人员和货物，而是把铁路和运河及马车等其他交通模式和工具做比较。他发现粗略估计下，在1890年因为铁路而增加的美国经济产出，小于国内生产总值（GDP）的5%。由于那时美国经济增长非常快速，这等于是说，如果没有铁路，美国经济得等到1891年或1892年，才能达到1890年的产出。[8]20世纪的摩托动力化、电气化或是民用航空的功能，并未受到如此详细的评估，然而我们能够想象一个没有汽车或飞机，却仍具有生产力的世界，虽然在某方面可能难以设想一个没有电气而还有生产力的世界。20世纪五六十年代，核能和火箭被认定是改变世界的科技，因而深受钟爱。但如果我们计算所有的成本效益，很可能会发现它们让世界变得更贫穷，而非更富庶了。

有许多人反对这种虚拟的历史（这样的历史将探讨某些没有发生的事情），认为这无法令人满意。确实如此，但如果我们要合理评估科技的重要性，就无法避免这种假设。因为大多数的评估都隐含着虚拟的预设，这是论证的关键。

把使用等同于重要性，背后隐藏的虚拟预设是没有其他的选择。用两个信手拈来的例子，就可说明这一点：媒体刊登一篇文章，想象这个世界如果没有计算机会变成什么样子，结论是那几乎无法运作，因此计算机极为重要。[9]这等于是问，如果现有的（电子数字）计算机都突然停止运作，将会发生什么事。另一个例子是20世纪晚期某个电视节目，主角是位日本管理大师，他相信因特网将会带来新的全球公民时代。[10]为了展示这点，节目通过因特网访问远在旧金山的这位大师。结果联机一直中断，而且传输质量很差。主持人稍微嘲笑了这位不幸的大师，但却错过了真正的笑话。英国早就拥有能够和旧金山进行通信的能力：19世纪晚期可以通过电报来通信，20世纪早期就有长途电话了。所谓世界公民或无国界市场等说法，早就可以用在电报和电话上。

20世纪最戏剧性的价格变化是电子通信的价格，带来了实质电话费的大减（大约减少99%），这一变化使得大量数据的传输得以可能（就像因特网一样）。同样，没有计算机的世界这个例子，默认了没有替代计算机的科技；然而，我们会使用其他的选择并且用其他方式来做事。当然，计算机会比其他的科技做得更好，而且计算机的许多用途或许没有替代选择，而这正是我们需要找出的。问题不在于计算机能做什么，而是它做得有多好，以及哪些事情是计算机能做而其他科技不能的。

正因为有这么丰富的发明，因此有许多足堪匹配的替代选择。在计算机之前有其他的计算器：打孔卡机用于大规模数据处理，数学运算是由一组“计算员”（computers）用机器来进行的，通常用的是电子机器。计算尺是设计工坊的重要工具：大型的工业用计算尺和学校用的计算尺大不相同。在数字电子计算机之前就有机械模拟的计算器，包括潮汐预测器与微分分析仪。电子模拟计算器和数字计算机，对二战后数十年间的复杂系统设计，共同发挥了重要作用。电信在因特网之前就已经存在了：二战结束多年后，电报仍旧承载大量的远距通信。电话和无线电得到广泛使用。有线电视与高频无线电传输已有数十年历史。在CD之前有其他的录音方式：蜡质圆筒、虫胶唱片与黑胶唱片以及录音带都能录音。不论是打仗或生产能源，达到目标的方法不止一种。即使替代选择已经存在，通常也难以想象。我记得在20世纪80年代中期询问过一班工程专业的学生：能用什么来替代卫星进行长途通信？结果他们想不出来。那时正当全世界再度铺上电缆——不是电报全盛时期有中继器的铜缆线，而是光纤缆线。替代选择无所不在，然而人们对此视若无睹。发明及人类善用发明的能力，意味着我们应该比较各种替代选择。不过由于世界变迁的方式如此之多，很难拿现在的世界和过去的世界或别种世界比较。

“没有其他选择”这种没有言明的虚拟预设比较极端，更常见的预设是，没有足堪匹配的其他选择：新科技要比它所取代的科技远为有效、更有效率、更强大而且更好。然而，一样物品之所以被广泛使用，并不用比受取代者好很多：只需要比替代选择稍微好一点就可以了（我们暂时假设是比较好的科技取代了比较不好的科技）。我们有时候可以毫无困难地理解这点，虽然这类事情常被认为没什么价值。回形针无所不在并不是因为它是惊天动地的重要科技。其实，它的无所不在、数十年不变的简单设计，以及它运作的速度不快，也不会消耗大量的能源，似乎都指出它是个不重要的科技。更重要的是，我们知道没有回形针也不会怎么样。由于人类的发明能力，我们有不少替代回形针整理纸张的科技，每一种都有特定的用途。有许多办法可以把纸张放在一起：把纸钉在板子上，用订书机，打孔然后用装订绳装订，用透明胶带粘贴，装入活页夹或其他文件夹或装订成册。[11] 我们这么常使用回形针是因为就许多用途而言，回形针比其他选择稍微好一点点，而且我们很清楚这一点。

科技选择

认为新科技远优于老科技是很普遍的预设。19 世纪晚期所谓的输电系统战争，交流电系统（AC）被认为比直流电系统（DC）好很多。某些方面确实如此，但并非完全如此。不论如何，这个重大选择并不是因为无懈可击地证实有一种系统比另一种系统好，而是因为人们相信交流电系统最后会比直流电系统好，这样的信仰成了自我实现的预言。虽然事实并不全然如此：直流电系统仍旧运作了好多年，而且仍有新的直流电系统设立。某些特殊领域仍在发展它们。一般推论交流电系统的主要好处是传输的成本较低，但是在某些特殊的情况下，例如水底传输，我们使用的是高压直流电系统，包括跨越英吉利海峡的第一道和第二道电线，其年代可以追溯到 1961 年。

认为新科技显然优于老科技，这样的假设导致一个重要推论：要解释为何没有从老科技改用新科技，理由常归因于“保守主义”甚至愚蠢或无知。“抗拒新科技”成为心理学家、社会学家乃至历史学家必须探讨的问题。[12] 然而“抗拒”这种说法要有理，就必须不存在其他的替代选择。在我们所置身的世界中，如果个人或社会本来就无法完全接受所有提供的创新或产品，这种情况下，谈论对科技或创新的抗拒是很荒谬的。抗拒是必要的。在选择一种科技时，社会必然抗拒许多“旧的”与“新的”替代科技。在这个意义上，许多科技甚至大多数的科技都是失败的。然而，许多科技其实只是增添选择的科技。例如轰炸机并未取代陆军和海军；在 20 世纪 60 年代之前，数字计算机并未取代模拟计算机。

把问题焦点放在科技选择的历史学者，一再指出替代的竞争科技。例如20世纪早期的美国曾有短暂的时期，蒸汽汽车或电动汽车要比汽油动力汽车更普遍——事实上电动汽车曾是芝加哥的主流。电动车后来找到利基市场：在1907年到1918年之间，电动车占柏林出租车的20%左右。[13] 在第一次世界大战之前，德国消防局强烈偏好用电动消防车来取代马匹消防车。20世纪中期出现工业用电动车的发展，英国独特的电动牛奶车将牛奶送到家家户户。虽然电动车代表着一个可行的替代选择，但它普遍输给了汽油动力汽车。原因之一是输电网络范围外的使用问题，以及电池维修碰到的特定问题。[14] 在汽车的世界中有着不同的发动机——柴油、汽油与二冲程；有不同的车体材料，例如在20世纪40年代，美国的汽车使用大量木材，也有汽车使用合成材料。特拉班特这款车是个好例子，它由东德开发出来，并在特殊环境下生产了多年，该车的车体是由树脂和羊毛制成，并使用双汽缸二冲程发动机。20世纪有许多互相竞争的道路建材，包括沥青与水泥。[15]

航空也有许多不同类型的发动机和飞机。有汽油机与柴油机，苏联则在20世纪30年代努力发展蒸汽航空发动机。[16] 汽油机有许多种类：旋转式的、放射状的与直列的（inline）。喷气式发动机则发展出涡轮螺旋桨（turbo-prop）、涡轮喷气（turbo-jet）与涡轮风扇（turbo-fan）等种类。在两次世界大战之间，飞机机体建造从木材转为金属，这提供了一个如何做出选择的有趣例子。改用金属常视为技术进步的指标——金属显然比较好，设计师越快改用金属就越凸显出他们的先进。相反，到了后期还使用木材则被视为某种怪癖。然而，木材不如金属这样的假设是站不住脚的。相信金属是未来的材料，因而必然更适合建造飞机，是推动从木材改为金属的动力，航空史学者后来也相信这套意识形态。然而成功的木制飞机仍在生产，二次世界大战英国的蚊式轰炸机就是著名的例子。[17] 值得注意的是，电动车又东山再起；而飞机的结构现在使用“复合材料”，这种材料的原理类似于两次世界大战之间飞机所使用的胶合板复合材料。

另一种看见替代科技的办法，是注意那些所谓的备用科技，这是在首选的科技故障时拿来使用的。由于系统日益可靠，在富裕国家这些科技现在较不常见。然而，即使在富裕而稳定的国家，家庭仍旧备有石蜡灯乃至蜡烛。除了煤气炉或电炉之外，也还备有一个煮饭用的小型煤气炉。船只有备援的手动操舵装置，以备主要操舵装置故障时使用；船只携带使用桨和帆的救生艇。汽车仍旧带着备胎，通常比一般的轮胎来得原始。这些备用科技通常是较古老而简单的科技，虽然不必然都如此。在危机时刻，回到较早、较牢靠及或许较低阶的科技，可能有趣地反映了对科技的演化思考模式。旧的科技，或毋宁说那些被认定是旧的科技，在许多正式场合占有一席之地——从晚餐使用烛光到阅兵时穿的 19 世纪制服乃至武器，以及葬礼使用的马拉的灵车。

有时情况会迫使人们使用备用科技。1960 年左右的英国人偏好的自杀方法是使用含有一氧化碳的民用煤气。到了 20 世纪 70 年代早期，由于甲烷取代了煤气，他们就再也没办法这样做了。结果，使用汽车尾气自杀变得越来越流行，在 1990 年这一度是最常见的自杀方法。但其使用率后来又快速下降，部分原因是催化转化器的普遍使用，这使得汽车尾气不再那么致命。接着越来越常用的是上吊，到了 20 世纪末这成为最重要的自杀方法，但这次并非迫于必要：女性偏好吞服固态与液态的毒药。[18]

评估航空与核能

私人和公共机构很早就想要评估各种计划，通常是在计划执行之前就进行评估。因此负责美国水利工程的美国陆军工程兵团，在 20

世纪早期为了替其计划辩护，便在成本效益分析的发展上扮演了关键角色。[19] 长久以来临床试验就对医师和医疗体系很重要，但此外还有一些较为粗糙的评估方式。在两次世界大战之间，有位医师宣称，如果英国不用卧床休息来治疗常见的腿部溃疡，而改用弹性绷带这项新产品，那就可以省下 1.67% 的年度国民所得。我们不清楚这样的节省效果是否有达成，但如果是，那么弹性绷带显然会是英国 20 世纪最重要的科技发明之一。[20]

20 世纪的战争提供了评估科技重要性的重大案例。在对其他社会作战时，重要性评估针对的是特定的系统、原材料供应、工业等。怎样才能最有效地令敌人瘫痪？摧毁它的运输？摧毁它的能源供应？或是摧毁它的整体或特定工业？要达成这样的毁灭效果，必须选用怎样的手段？这类评估有两个重大案例，它们处理的是 20 世纪最著名且被认为改变了世界的科技：航空与核能。

在第二次世界大战之前空军人员相信，空中进行的新式战争将会是毁灭性和决定性的。英国皇家空军和美国陆军航空军对欧洲大陆进行的战略轰炸，以及美国陆军航空军对日本的轰炸，都来自这一信念。其主要的论点是，现代社会即便只遭到轻微的轰炸都会崩溃（此一论证后来转用到火箭与核武器上）。战争进行时，有些人就注意到空中武力不必然具有毁灭性或决定性，于是就轰炸这种做法或是其攻击目标，发生了激烈的争辩。有时这些讨论强调某些特定工业的战略重要性。因此有人主张应该攻击滚珠轴承的生产，该项生产集中在少数的工厂，而汽车没有这项产物就无法行驶；或是攻击合成油工厂，因为如果没有燃料，德国就无法战斗；或是攻击发电厂等等。诺曼底登陆前夕出现了如何协助挺进部队的争论。该攻击什么目标？是整体的德国工业、石油工业还是交通运输？如果是后者，那该怎么攻击？该攻击道路和铁路桥梁，还是该攻击车辆调度厂和维修厂？前者很难摧毁，后者很容易击中却很快可以修复。[21] 1942 年到 1945 年间的英国轰炸部队指挥官阿瑟 ·“屠夫”· 哈里斯否定精准轰炸特定工厂或特定工业的重要性，认为这是靠不住的“万灵丹”；他主张唯一有效的目标是整个城市。

还有一个更广泛的问题：轰炸机有多重要？阿瑟 · 哈里斯爵士在 1945 年宣称：“重型轰炸机对于赢得这场战争的贡献超过任何其他武器”，他还补充说，虽然未来战争的关键科技会改变，“但最快赢得战争的方法，仍旧是毁灭敌人的工业，从而毁灭其作战潜力。”[22] 这位英国指挥官在他最后的急报中，使用一系列投弹吨位的表格和图形来支持其论点。他指出英国皇家空军投了将近 100 万吨的炸弹，其中约 45% 是投在“工业城镇”。成功的指标是德国目标区“整体被摧毁的面积”：战争结束时，目标区有 48% 被英国皇家空军的炸弹“破坏”或“摧毁”。哈里斯并没有提供轰炸影响工业生产的任何数据或图表信息，也没有攻击合成油工厂或交通运输之效果的信息，后两种都是他所反对的攻击目标。除了以下两个例子之外，他也没有考虑替代战略。他宣称在 1944 年 4 月到 9 月之间，当轰炸机部队在诺曼底登陆时转去攻击德军运输与部队，而偏离“其适当的战略角色”，德国因而能够重新组织生产并增加武器的供应，特别是新式武器。[23] 其次，他宣称如果没有轰炸，德国就能够将 200 万名工人投入防空部队及武器制造，而非从事修复轰炸的损坏。靠着被捕的德国装备部长阿尔伯特 · 施佩尔提供的证据，他宣称如果没有轰炸，德国的反坦克火炮与野战火炮的产能将提高 30% 左右。施佩尔在审讯时宣称，在 1944 年德国 30% 的火炮生产、20% 的重型炮弹、50%~55% 的“电子科技产业”以及 30% 的光学仪器产业的产出，都使用在防空火炮上。[25]

然而，在一场有史以来最了不起的事后科技评估中，哈里斯的主张受到毁灭性的攻击。当陆军挺进到轰炸过的地区时，美国战略轰炸

图 4 1951 年初，一架 B-29 型轰炸机在轰炸朝鲜山区。虽然美国没有使用 B-29 对朝鲜军队丢原子弹，但它们仍旧摧残了这个国家。令人遗憾的是，注意力大多放在这场战争中并没有使用原子弹，而非轰炸所带来的可怕后果。然而，进行了这么大的破坏，美国仍旧没有赢得朝鲜战争。

调查组（USSBS）的调查员也一同前往。领导调查工作的是英国保诚保险公司的负责人：此一庞大的工作动用了 350 名军官、300 名平民与 500 名征召人员。[26] 美国战略轰炸调查组得到的结论，抵触了英国皇家空军区域轰炸的主要做法，但特定的报告则支持对运输及合成油产业进行轰炸。调查宣称，轰炸城市对生产的影响很轻微，但瘫痪运输与合成油的生产则直接打击到德国的战争机器。[27] 和战略轰炸重要宣称相抵触的证据比比皆是，例如，在 1944 年德国（75 厘米以上的）重型火炮当中，只有约 13% 是防空火炮。此外和 1943 年相比，防空火炮所占的比例是下降的，这点和英国空军及施佩尔充满自信的说法完全相反。[28]

美国战略轰炸调查组对于轰炸日本的评估特别令人吃惊。轰炸日本本岛的猛烈程度比不上对德轰炸：在日本投了 16 万吨的炸弹，在德国本土则投了 136 万吨的炸弹。[29] 然而，造成的损害却差不多，因为对日本的轰炸时间更为集中，投掷也更为准确。遭到攻击的 66 座城市，有 40% 左右的建筑物被摧毁。但是，轰炸在经济上的效果却不是很明显，因为日本当时还受到另一种形式攻击的影响——封锁。美国战略轰炸调查组报告指出：“日本经济在很大程度上被摧毁了两次，第一次是切断进口，第二次才是空中攻击。”即便没有进行任何轰炸，日本的军需生产到 1945 年也会只剩下一半。[30]

美国战略轰炸调查组对日本受到的传统轰炸与两次原子弹轰炸进行比较，其结论令人震惊。他们评估投在广岛的原子弹所造成的损害，相当于“220 架 B-29 轰炸机携带 1200 吨的燃烧弹、400 吨的高爆弹与 500 吨的破片人员杀伤弹”，而投在长崎的原子弹则相当于“125 架轰炸机携带 1200 吨的炸弹”。[31] 使用另外一种度量方法得到的结论是，原子弹“将一架轰炸机的破坏力提高了 50 至 250 倍”。[32] 这使得一颗原子弹相当于 500 吨到 2500 吨的 TNT，而非一般所说的 1 万吨到 2 万吨 TNT。之所会出现这样的差距，是因为原子弹巨大的爆炸力量并没有针对任何特定的目标。报告显示原子弹轰炸造成的损害，相当于一次传统的大型轰炸，这顶多只占对日本轰炸造成损害的几个百分点而已。原子弹的设计者不会因此感到惊讶。1945 年 5 月在洛斯阿拉莫斯*举行一场关键的委员会会议指出："对一个兵工厂投下一颗原子弹所造成的效果，和任何目前规模的美国陆军航空兵团轰炸所造成的效果，不会有太大的区别。"[33] 此一认识对于目标的选择影响重大，因为原子弹的潜在攻击目标必须"在明年 8 月之前不太可能会受到攻击"；会议提到"除非有意外状况发生，美国陆军航空军愿意保留五个目标让我们使用"。最后会议选出四个目标（京都、广岛、横滨及小仓兵工厂）并且提出"保留这几个目标"。[34] 原子弹之所以能展现其破坏能力，是因为没有动用其他的轰炸方法。然而，原子弹不只是大规模杀伤性武器，也是"大规模恐惧性"武器，我们不应该低估这一点。

原子弹是个工业产品，耗费了接近 20 亿美元（相当于 1996 年的 200 亿美元）。花 10 亿美元来摧毁一个只要花少许经费就能用传统轰炸方式摧毁的城市，其实是很不划算的。另一个看待这件事情的方式是，制造 4000 架左右的 B-29 轰炸机花费了 30 亿美元，这类轰炸机纯粹是用在对日本进行远距离轰炸，包括投原子弹。这个金额包含了它们的备用零件，但不包括维修、燃料、武器及人员的费用，也不包括机场建造与营运的费用。[35] 另一个指标是制造原子弹的经费相当于多制造 1/3 的坦克或 5 倍的重型火炮。[36] 不难想象，如果多出数千架的 B-29 轰炸机、增加 1/3 的坦克或 5 倍的火炮或是其他的武器，会增加盟军多大的战力。难道这不会可观地缩短战争的时间吗？换言之，我们也可以论称，原子弹计划由于减少了可用的传统作战原料而延长了战争，

---

* 洛斯阿拉莫斯位于美国新墨西哥州，是制造原子弹的曼哈顿计划实验室所在地。

造成更多的人命损失。我们之所以没有看出这一点，部分原因是战后精心编造的神话，宣称原子弹使得战争很快就结束，因此至少拯救了100万条美国人命。[37]这一神话建立在可疑的假设上：宣称如果没有原子弹轰炸，日本会坚持作战下去，而唯一打败日本的方法是入侵其本土，而这至少会带来100万条美国人命的损失。换言之，这个论点的预设是，相对于原子弹，封锁和传统轰炸是无效的。然而，在投原子弹之前，日本已经快要投降了。导致日本想要投降的关键因素是苏联加入对日战争，以及改变向日本提议的投降条件，此一投降条件在原子弹轰炸之后才又更动。原子弹或许让日本更愿意投降，但并没有让日本更快投降。它们并没有带来战争的终结——太平洋战争不是因为原子弹而结束的，也没有吓阻未来的战争。

德国的V-2火箭计划是另一个巨大的战时努力，同时它在经济上与军事上也是非理性的，当时有些人已经清楚地看出这一点。英国的科学情报显示德国当时正在建造约10吨重的火箭，携带约1吨重的弹头。此一评估证实是正确的，但它的争议性在于，建造射程200英里*的火箭来投射1吨重的爆炸物，不符合成本效益，相同成本可以建造多架飞机来携带10倍的炸弹，其航程更远而且可以反复使用。然而德国还是做了这样的事情。[38]V-2火箭在1942年10月试射成功。两年后，开始进行实战发射，而且德国每天大约建造20枚V-2火箭。历史学者迈克尔·诺伊费尔德说，V-2“是个独特的武器，死于其生产过程的人多过被它打死的人”：至少有1万名奴工死于V-2的生产过程，而大约有5000人被它炸死。[39]德国总共生产了大约6000枚V-2火箭，因此粗略地说要花2条人命来制造一枚V-2火箭，而每枚火箭则杀死1个人。评估指出，如果不生产V-2，德国可使用相同的资源来生产24000架战斗机。

* 200英里约等于322千米。——编者注

开发与生产V-2的所有费用大约是5亿美元，这是美国原子弹计划的1/4。然而所有V-2火箭加起来的破坏力，小于英国皇家空军或美国陆军航空军的一场城市轰炸。对抗轴心国的26个同盟国及后来的加入者，在1942年被称为“联合国”；它们应该感激维尔纳·冯·布劳恩*、阿尔伯特·施佩尔以及希特勒支持V-2火箭科技，这些都消耗了德国自身的战力。然而，轴心国更应该感激格罗夫斯陆军准将†以及原子能科学家创造出有史以来最昂贵的爆炸物。在此有个可怕的对称性，因为美国在二战期间只制造了4颗原子弹，每颗原子弹的破坏力相当于一场传统轰炸——换言之，其成本效益相当于用5亿美元来摧毁一个城市。当然如果战争持续久一点，这种做法在经济上会比较合理些，因为资金成本已经投入。假如第二次世界大战真的根除了世界上的军国主义，而且所有的武器发展也随之终止，那么火箭和原子弹也不会被视为是未来科技的先兆，而是战争与军事科技可怕的非理性例子的终结。

二战之后，在前所未有的和平时期军国主义的背景下，火箭和原子弹后来开始有些道理了。将火箭结合毁灭能力远超过原子弹威力的氢弹，在成本效益上比较合理，因为其毁灭力量大幅提升。就此而言，原子弹和V-2的例子显示，只把注意力放在科技的早期发展是短视的（虽然这两者在战时都有巨大的生产规模）。换言之，这个例子指出，特定时间的效率和一长段时间之后的效率有所差别，经济学家称此为静态效率和动态效率。

然而美国战后的核弹计划，包括轰炸机和导弹，虽然能够产生巨大的破坏，却不便宜：在1940年到1996年之间，花费了接近6万亿

* 维尔纳·冯·布劳恩（Werner von Braun, 1912—1977），纳粹德国的火箭工程师，战后投效美国。

† 曼哈顿计划的负责人，本书稍后对此人会有更详细的讨论。

美元（1996年的币值）。这大约是美国这段时间所有国防支出的1/3，而略低于美国这段时间所有的社会保障支出。[40] 这一武器是如此强大，以至于它无法使用；就这点而言，我们必须放弃以使用来评估重要性的标准。如果核武器有任何用途，那就是防止其他人的某些行动。可是对于对手而言，核武器只不过是“纸老虎”，虽然他们自己也制造核武器。

副产品

指出特定科技并未具有其所宣称的强大效用时，最常见的反应之一是，这些科技具有重要的次级效应，而这是直接评估遗漏掉的。因此，听到主张铁路对经济发展没有那么重要时，其中一种反应是指出它对其他产业的刺激效果，像是工程、钢铁与电报。“副产品”这个名词就是用来描述这样的效应。副产品的重要性未曾受到适当的评估，因为这是一种宣传的论说，有识之士很少会严肃看待。副产品论点的一个重要特征是，论点常关联到其他的科技，而这些科技因为其他原因而被认为具有根本重要性，但这种关联并没有令人信服的证据。航空、火箭和核能都是重要的案例。

一个最有名但带有点戏谑意味的例子，是美国太空计划带来的特氟龙（Teflon）这项副产品，这个涂料具有制作不粘锅的重要用途。这种论证有其重要性，因为直到不久前，民用的太空计划都还没有任何经济用途。当然，非军事的太空计划有其他的目的，像是提供娱乐、宣传以及让人暂时挣脱紧要却乏味的问题——不过这些科技的提倡者并不会强调这类目的。特氟龙很难为太空计划巨大的开支辩护。

有趣的是，特氟龙或聚四氟乙烯的起源和太空计划一点关系都没有。早在20世纪60年代之前的数十年间，特氟龙就已经为人所知和使用，甚至已经用在不粘锅上面。杜邦公司在 1938 年发明了它，在 1945 年将它命名为特氟龙并首次开始销售，[41] 战时主要用于炸弹生产计划。特氟龙不粘锅是 1954 年马克 · 格雷瓜尔在法国发明的，并且由一家名叫特福（Tefal，特氟龙加铝：TEFlon+ALuminium）的法国新公司在 1956 年推出；到了 1961 年，特福单在美国一个月就销售 100 万口锅。[42] NASA 有个网站，同时也出版一本名叫《副产品》（*Spin-off*）的杂志，但里面从来没有提到特氟龙，NASA 倒是宣称，无线电动工具、菱格泳衣、心脏起搏器的重要改进、激光血管成形术、数字信号处理、烟雾报警器、自行车头盔、婴儿食品及其他一些林林总总的产物，均起源于太空计划。

虽然乍听之下颇不寻常，但某些副产品其实对国家的财富有负面效应。英国在 1956 年开始使用核反应堆来发电，主要目标是要生产钚以制造核弹。讹传之后它成了世界上第一座商用核反应堆并受到了外界的称赞。[43] 英国早就有全世界最具野心的民用核能计划，而且在接下来的十年会比其他任何国家都生产更多的核能。英国第一个核能计划是以镁诺克斯型反应堆 * 为基础。时至今日它们当中有些还在运转，预计在 2010 年会全部除役，† 因此这些反应堆的寿命大约有 40 年。早在 1965 年，英国就做出关于下一代反应堆的决策，并且选择了改进型气冷反应堆。英国于 20 世纪 60 年代开始建造这些反应堆；第一座在 1976 年完成，最后一座在 1989 年完成。它们目前仍在运作，而最后一座预计在 2023 年停用。相较于其他类型的核能或非核能科技，改进型气冷反应堆计划极为昂贵，也给英国带来损失。与假想中的压水式反应堆计划相比较，以 1975 年的价格来估计，损失大约有 20 亿英镑。[44]

---

* 镁诺克斯型反应堆（Magnox reactor），一种以二氧化碳为冷却剂的核反应堆。——编者注

† 最后一座镁诺克斯型反应堆在 2015 年底停止运转。

当电力工业私营化时，镁诺克斯型反应堆卖不出去；而英国政府实际上是免费将改进型气冷反应堆赠送给民营业者。

20 世纪 60 年代第二个衍生自军事前身的大计划，是英法合作的“协和式”超音速客机；根据成本效益分析，这也是个巨大的金钱浪费。协和式飞机的原型在 1969 年开始飞行，而其商业飞行（如果这是正确的形容）则在 1976 年开始。有任何回报吗？航空公司说就算把协和式飞机免费赠送给它们，还是赚不了钱，英国航空和法国航空营运协和式飞机 30 年左右，果然无法收回成本。协和式飞机计划或民用核能计

图 5 兴建中的希平波特核反应堆。这是美国第一座商业运转的核反应堆，它位于俄亥俄河旁，距离宾夕法尼亚州的匹兹堡市大约 25 英里（约 40 千米）。这座反应堆的原型本来是为航空母舰设计，这是典型的衍生科技！军事科技运用于民间用途。这是一部长寿的机器，它在 1957 年建造，一直使用到 1982 年。然而“核能时代”从未实现。

划很难找到任何有价值的副产品。

值得注意的是这些是庞大而有争议性的科技，由国家出资、组织与采用。结果导致很多人认为国家总是会做出坏的、可怕的科技判断；相较之下，民间社会尤其是市场会做出更好的决策。在民间社会，重要性的问题会由许多无名的计算者来考虑。然而，大型企业有很大的决策力量，而许多彼此竞争的决策者不见得会带来更好的结果，因为他们是根据已知数来做判断，但他们对这些已知数本身却可能没有任何的控制能力。和替代选择相比，许多这类小型决策加总起来可能带来更加负面的结果。这种效应很难计算，也较少有动机进行这样的计算。其中一个例子是，让大量的人拥有汽车来造就摩托动力化的世界，并不是最好的资源使用方法。公共运输可以达成更好的结果。

小科技大效应

谈到避孕科技，脸红之余最先想到的是口服避孕药。之所以认为避孕药重要，不只是因为这是个强效的避孕方法，也因为人们常常认为它带来了性革命。富裕国家的性革命是货真价实的，因此我们可以宣称，合成类固醇激素的使用带来了性革命，正是小而平凡的科技如何引发巨大改变的一个惊人例子。然而，避孕药究竟造成了什么其实并不清楚。把它直接联结到性革命，可以轻易看出背后的预设是：没有可以取代避孕药的避孕方法，或是其他的方法差很多。相较之下，这些其他方法的历史几乎不为人知。避孕药是大量文献的主题，但避孕套及其他许多寻常的节育科技则很少成为避孕史的重点。[45] 然而避孕提供了一个绝佳的例子，来证明长久以来存在许多替代技术，来呈现没落中的科技、消失中的科技的重要性，乃至正在重现的“老”科技的重要性。

长久以来人们使用不同的方法来控制生育并避孕。20 世纪有好几种节育技术，包括堕胎、结扎、体外射精、各种用橡胶做成的避孕器材以及化学避孕法。20 世纪的大多数时候，有些避孕方法在世界上许多地方是非法的，而且几乎都隐藏在公共视线之外，很难知道实际状况或是获得这些方法存在的迹象。

最重要的避孕方法之一，似乎是避孕套。避孕套曾经让人联想到理发店、军营以及疾病预防；多年来它一直是种半地下产业的产品。从 20 世纪 30 年代开始，用玻璃模子浸入乳胶溶液就有办法大量生产避孕套。它们的产量以数十亿计，生产成本低廉且轻巧，自然成了一次性产品。美国在 1931 年避孕套的日产量是 140 万只，而且快速增长，因此战后避孕套在美国广泛使用。部队发放避孕套给士兵，二战之后避孕套的使用无疑因此大为增加。例如，英国每年的销售量稳定增长，从 1949 年的 4300 万只，增加到 20 世纪 60 年代晚期的 1.5 亿只。[46] 然而，大多数的性行为显然并没有使用避孕套。

避孕套只是众多避孕科技当中的一种。还有各种女性使用的避孕科技在半地下的市场贩卖——这些产品包括堕胎药、杀精剂、冲洗阴道及结扎。20 世纪 30 年代这类科技在美国的销售量跟避孕套差不多。两次世界大战之间，在英国和美国活跃的著名节育运动者玛丽 · 斯托普斯和玛格丽特 · 桑格，推广子宫帽和避孕膜这类特定的女性橡胶避孕科技。它们由女人主控，而且在许多方面要比避孕套来得体面；使用它们也需要医疗介入。这些运动者的目标是将避孕方法医疗化与女性化。玛格丽特 · 桑格后来成为提倡避孕药研究的关键人物，避孕药后来是由制药工业生产，并且由医师开具处方。在美国避孕药从 20 世纪 50 年代晚期就可以取得，在 1960 年就取得贩卖的许可。

避孕药获得了巨大成功。它不只是增加了一种避孕科技而已，而且导致其他不起眼的避孕科技走向没落。20 世纪 60 年代早期，避孕套在美国的销售量大为降低，到了 60 年代晚期，避孕药是比避孕套更加普遍的避孕方式。英国的避孕套销售从 20 世纪 70 年代初期就开始下降。避孕药要比其他的避孕方法更有效，而且在体液交融的过程中不需要使用高温硫黄处理过的橡胶，更重要的是，避孕药是在性行为进行之前使用。这些重要的特性不会影响到其避孕效力，但对其受欢迎的程度却有很大的影响。同样重要的是，避孕药是唯一可以且确定得到公开讨论的避孕科技。

避孕药使得避孕变得公开且体面。就许多方面而言，这在它登上台面前是难以想象的，这也是避孕药能够转变性关系的原因之一。避孕药的普及和性行为之间的关联存在争议：关于它和性革命的关系没有清楚的结论；性革命的新颖之处不在于婚前性关系本身，而是发生性关系但根本不打算和对方结婚。和其他技术相较，避孕药对性行为产生的影响并没有受到探讨。[47] 但宣称避孕药是唯一能够带来性革命的技术方法，这是难以让人信服的。

在性革命之后，许多早于避孕药出现的避孕方法并未消失，这点引人深思。避孕药之后，对于避孕方法的研究比以前更多，带来了与避孕药竞争的科技，包括宫内节育器（IUD）。[48] 避孕套则是那种成长、消失，又重新出现的科技之一。在艾滋病出现之后，其销售量在 20 世纪 80 年代剧增，此一现象使得避孕套首度和避孕药一样可以被公开提及。全球避孕套的产能从 1981 年的每年 49 亿只，提高到 90 年代中期的每年 120 亿只。可预期的是避孕套也有科技创新。第一个符合人体解剖学形态的避孕套在 1969 年生产，1974 年则出现用杀精剂润滑的避孕套，之后还有更多的创新。杜蕾斯这个避孕套品牌在 2004 年庆祝七十五周年历史，其口号是“七十五年的绝佳‘性’”。

疟疾

疟疾控制就像节育一样，使用过许多不同的方法。就如同避孕药，任何特定方法的重要性都必须和其他方法做比较，而非假定没有其他方法可以控制疟疾。疟疾、霍乱或肺结核这类原本认为已经受到控制的疾病重新出现，导致对付它们的旧技术重获使用，同时也发展出新的方法。[49] 就全球规模而言，疟疾一直是最严重的疾病之一。过去疟疾不像现在一样局限于热带地区，在 20 世纪上半叶，它是许多温带地区的地方病（例如南意大利）。疟疾是能够治疗的疾病，也可以用预防性用药来加以控制，或是通过消灭传播疟疾的蚊子来加以控制。传统的治疗方法使用奎宁这种自然产物，荷兰帝国拥有殖民地爪哇的种植庄园，从而控制了这一药物。于是其他国家，特别是德国，开始寻找人工合成的替代品。在 20 世纪 30 年代开发出了阿的平（Atebrin），又称为麦帕克林（mepacrine），但它会让皮肤变黄，因而很少使用。第二次世界大战日本占领荷属东印度（现在的印度尼西亚），迫使同盟国使用这种药物进行治疗和预防。战时推动了研究抗疟疾药物的大型计划，带来三种广泛用于治疗与预防的药物：氯喹（chloroquine，德国人在 20 世纪 30 年代就制造出来却贬而不用）、阿莫地喹（amodiaquine）以及别名百乐君（paludrine）的氯胍（proguanil）。20 世纪 70 年代在叙利亚及非洲的法国殖民地，氯喹大量用于预防性用药，企图消灭这一疾病，结果提高了抗药性。[50]

药物只是故事的一部分。杀虫剂以及通过控制水流和确保排水良好以消除昆虫的繁殖地，也证实相当有效。多管齐下确实已经在世界上许多地方成功消灭疟疾。不过疟疾控制特别让人联想到 DDT。这种杀虫剂是由瑞士的汽巴–嘉基公司*开发出来的，被美国人大量采用，不只用来对付疟疾，也用来对付能够传染斑疹伤寒的虱子，特别是在二战期间。DDT 的发明人保罗·米勒博士获得了 1948 年的诺贝尔医学与生理学奖。而英国人发明了另一种强效的新杀虫剂林丹，但较少获得采用。有人在 1944 年宣称，太平洋指挥官麦克阿瑟赢得了“一场最伟大的胜利……以科学和纪律战胜了疟蚊”。这个说法并不令人惊讶，因为在此之前疟疾造成的士兵伤亡人数，是战斗伤亡数的 10 倍以上。[51] 战后 DDT 大量使用，试图以此来消灭疟蚊。DDT 带来的不是疟疾的消灭，而是一种廉价快速的杀蚊方法，它不需要细致漫长的介入，是个只需要低度维护工作的选项。[52]

然而，或许正是因为缺乏深度介入，使疟疾得以生存，并在监控系统一再弱化之后得以扩张。20 世纪 50 年代展开了全球疟疾的扑灭计划，企图将之从撒哈拉以南非洲之外的所有疫区根除。这个计划的基础是 DDT“乱枪打鸟的战争”，虽然起初获得些成功，但从 20 世纪 60 年代晚期就开始失去动力。印度在 1951 年有 7500 万个疟疾案例，其中 80 万人因此死亡。1953 年开始喷洒 DDT，大批量的喷洒使疟疾案例在 1961 年降低到 5 万人。然而由于新的传染爆发后没有得到监控或处理，导致后来的病例再次增加。罹病案例在 1965 年增加到 10 万人，此后直到 20 世纪 70 年代罹病人数持续增加，到 70 年代晚期或许达到了 5000 万人。结果“世界卫生组织开始重新采用原本被 DDT 取代的旧策略……整套已经生锈的设备又重出江湖。”[53] 增加旧药物的生产，引进新的药物，并且重新强调使用蚊帐。

就全世界而言，汽车杀死的人数仅略少于疟疾，这数字让人清醒，并注意到科技的重要性。非洲每年死于车祸的人数是欧洲的 3 倍（全

* 著名制药公司诺华的前身之一。——编者注

球每年大概有 100 万人死于车祸，其中有 20 万人是在非洲）。非洲路上每部车辆的平均死亡率是富裕国家的 40 倍以上。虽然非洲的汽车要比欧洲少得多，但就人口比例而言，它们杀的人数是欧洲富裕国家的 3 倍以上。交通意外是肯尼亚第三大死因，仅次于疟疾和艾滋病。然而，把疟疾和汽车连在一起看告诉了我们，我们对科技的时间感需要调整，这是我们下一章要讨论的主题。疟疾在非洲增加，不是因为走入逆转的时间隧道，而是因为非洲进入了一个新的未来，一个旧模型未能预见的新未来。

第二章

时间

20 世纪 20 年代，一架帝国航空公司的飞机飞过骆驼商队；驴车拖着汽车的残骸经过孟买。所谓旧与新的并置，是常见的摄影类型。第一种类型代表科技的乐观主义，第二种则显示了一个比较暧昧的态度。科技时间这种表面上的冲突，来自对旧与新的特定理解。我们把骆驼、驴车、木犁或是手摇织布机视为历史过去时期的科技。然而在 20 世纪，它们的制造、维修与使用就如同飞机与摩托车一般，这些事物都存在于同一个彼此相连的世界。20 世纪末的某些惊人照片是这种情况的最佳范例：印度人和孟加拉国人拆除巨大的远洋船只，但他们不是在新式的干船坞工作，* 而是在孟加拉湾与阿拉伯海的海滩使用最简单的工具来拆船。

驴车和手摇织布机属于民俗博物馆，而飞机和汽车则属于科技馆——偶尔两者会被摆在一起。曼谷科学博物馆于 2000 年开幕时，便将常见的科学与技术展示和民俗博物馆的展品摆在一起：它有一个“传统科技”的展区，包含了雕刻、陶瓷、冶金、枝编工艺及纺织品。

---

* 干船坞（dry-dock）是专为造船或拆船设计的工作场所，可将要拆的船驶入后将船底的水抽干，再进行工作；或是在船只建造完成后，将水注入可以让船浮起驶出。

这些不是即将淘汰的科技，展示它们是为了保存与复兴传统手工艺。在富裕世界，科技馆和民俗博物馆通常是分开的，而且有各自不同的时间感。科技馆要诉说的是新奇、首创及未来的故事。

伦敦科学博物馆主展厅的名称宏伟堂皇："现代世界的制造"。展厅地板上有条时间轴，但这是条创新的时间轴，因此蒸汽动力只出现在关于18世纪与19世纪的展示。然而直到不久前，这座博物馆的访客走进门大厅内，还皆会经过一台三联往复式航海蒸汽机。大多数的成年参观者会很自信地认为，这是19世纪中期的机器，因为它看来像是"工业革命"的产物。不过它的标签却诉说着不同的故事：这座发动机是在1928年为一艘英国渔船建造。这艘渔船后来改装成游艇，与这台发动机一起使用了几十年，年代久远到使其带有某种历史趣味，正如常言所说，足以成为博物馆的收藏。实际上，这座博物馆收藏了许多20世纪的蒸汽机；只是在博物馆针对以年轻人为主的参观者诉说的故事中，并没有这些发动机的一席之地。在民俗业博物馆，抑或那些展示以往的交通机器或战争机器的博物馆，这类机器比较可能成为展示的重点。一位杰出的分析者想到我们致力保存古老的绘画、珠宝等事物，却不保存工具时，写道："有用的物品要比有意义与令人愉悦的物品消失得更为彻底。"[1] 它们一旦失去实际用途就会消失；然而，许多我们眼中的老物品，其实际使用的时间远超过未来导向的科技史所允许。我们的工业博物馆、科技馆见证了许多机器绵长的寿命，但与此同时，许多这类博物馆却也否定这一现象对我们思考科技的重要性。

许多20世纪最重要的科技是在1900年之前发明创造出来的。在这些科技当中，有些在20世纪没落了。这些科技的重要性不该被低估，因为即使这些科技正在消失，也仍有其重要性。要等到它们几乎完全消失掉时，它们才会像刚出现时那样不重要。事实上，20世纪的科技史通常始于那些被视为陈旧甚至过时，仅能不合时宜地存在的科技，像是骆驼商队与驴车。或许马匹是更好的例子。

时代在改变

传统上科技时间线记录的是发明与创新。时间线意味着时间是关键变量，时间的前进塑造了历史。许多图表以时间轴来呈现经济数据，背后就是这样的预设。然而，事物的传播方式不同于疾病的传染，并不是少数人先取得新科技，接着越来越多人向这些拥有新科技的人学习使用，直到大多数人都开始采用新科技。物品所有权的国际传播显示，物的扩散方式并非如此：不管一开始花了多久时间引进新科技，不同国家采用新科技的速率差异甚大。

新科技在发明之后很快就出现在世界各个角落。汽车在 1898 年便出现在巴塞罗那；希斯巴诺–苏莎及埃利萨尔德这两家著名的汽车公司分别在 1904 年和 1911 年成立于巴塞罗那 。荷属东印度到了 1912 年已经拥有 1194 辆车，[2] 在安第斯山山脚的阿根廷城市萨尔塔（Salta），到 1915 年就有了 200 辆以上的汽车。巴塞罗那的第一台飞机出现在 1910 年；当地则在 1916 年生产第一架飞机。 1910 年日本出现第一架飞机，而日本军方于 1914 年便在中国使用飞机攻击德军。第一次世界大战之前，北非与巴尔干的战事就已经使用飞机。哥伦比亚的第一家航空公司在 1919 年开始营运。

电视是另一个好例子，说明科技一开始就在全球获得快速采用。在 1939 年之前，只有英国与德国拥有电视；富裕国家在 20 世纪 40 年代晚期和 50 年代初期建立或重新建立广播系统，阿根廷（1952）与日本（1953）也这么做。[3] 非洲也没有落后太久，摩洛哥、阿尔及利亚和尼日利亚在 20 世纪 50 年代就有了电视；在 60 年代初，电视

图 6　20 世纪初期的一种新科技。1906 年的节庆期间在日本横滨弁天通街上的人力车。人力车在 20 世纪由日本传播到东亚和东南亚。20 世纪晚期在某些地方它的使用持续增加，而它在 21 世纪仍得到使用。

出现在更多的非洲国家，出现在韩国、新加坡、马来西亚、中国、印度、巴基斯坦、印度尼西亚及大多数中东国家。[4]

新科技抵达世界特定地区所花的时间，不太能告诉我们当地采用的速率，因此也没办法告诉我们它对不同国家造成的影响。这不是时间的问题，而是金钱的问题。大致而言，收入决定了新科技的采用。美国在20世纪20年代大量出现许多消费产品，像是汽车和洗衣机，其普及程度领先最富裕的欧洲国家30年左右。欧洲人比美国人穷；一旦他们和从前的美国人一样富有时，他们就购买同样数量的这类产品。这样的过程不断重复：当其他国家变得比较富裕之后，就有越来越多的人民购买那些出现已久的标准货品。许多国家都还没有到达美国20世纪20年代的人均收入或是汽车、电力的普及程度。虽然非洲许多地方在20世纪五六十年代就有了电视，但是在80年代，平均每1000人才拥有25台电视，拥有率远低于同时或稍后才拥有电视的较富裕国家。

尽管在经济发展的驱动下，科技在不同的时间重现是20世纪重要的历史元素，但这种现象也有可能误导我们，因为这不是一模一样的重现。20世纪末的哥伦比亚、摩洛哥、墨西哥、泰国、中国与巴西的人均收入水平，和世界上最有钱的国家及帝国强权在1913年的收入水平差不多。然而两者在交通、通信、医疗保健等领域所使用的科技显然不同。原因之一是新科技变得普及，科技时间在此是一项因素。但同样的“老”科技，却以始料未及的方式为人使用。当穷国变得有钱之后，他们扩大对一些科技的使用，这些科技并不符合常见的现代性框架。

马、骡子和牛

人类数千年前就已发明使用马匹来达成目的。马的繁殖、饲养、训练和照护是专家的工作，这些活动创造出野外不曾存在的牲畜。若问何时是马匹使用量最大的时代，答案要比我们想象的更为晚近。马匹在20世纪不是前机械时代的残留物，反而是依赖马匹的大都会在1900年是全新的现象。在英国这个全世界工业化程度最高的国家，马匹使用的高峰不在19世纪初期，而在20世纪初期。马匹为何和“铁马”拉的火车在同一时间扩张呢？答案是：经济发展与城市化连带出现了更多的马拉巴士、马拉有轨车与马车。此外，随着人们使用火车和轮船来长途运送货物，马拉车辆的短程运输就变得更有必要。因此伦敦康登市集的游客，会注意到在巨大的火车站和运河交会点附近有许多的旧建筑是马厩。[5]里面的马不是供附近的摄政公园骑乘用，而是用来运货的。伦敦、米德兰和苏格兰公司是1924年英国最大、最先进的铁路公司，其马匹数量和机车的数量同为1万；相对地，它只有1000辆左右的汽车。[6]伦敦及东北铁路公司在1930年拥有7000辆蒸汽机车和5000匹马，但只有800辆左右的汽车。不过毫无疑问，到1914年在世界最富裕的大城市，马达动力的巴士、货车和汽车及有轨电车开始取代马匹运输。

马匹农业用途的高峰来得更晚。例如，芬兰由于伐木业的使用而让马匹数量在20世纪50年代达到高峰。美国提供了最鲜明的例子。美国农场农用马匹从1880年的1100万匹，在1915年达到2100万匹的高峰，到20世纪30年代中期才又降回19世纪80年代的水平。[7]美国的例子特别有趣，因为其农业在20世纪初已经高度机械化，但仍旧使用马的劳力。我们很容易低估马匹对乡下地区的影响。英国和美国农业使用马匹的高峰时期，大约有 1/3 的农地用来养马，因为马匹吃大量的干草和谷物。[8] 机械化的农业帮助美国成为世界上最有钱的大国，而且美国到 20 世纪 10 年代也是世界上最大的汽车生产国，遥遥领先其他国家。

20 世纪的历史上，有个使用马匹运输之处特别值得注意。第一次世界大战和第二次世界大战被视为是工业化的战争，展现了工程、科学与组织的壮举；事实确实如此。正因为如此，这两场战争都使用了大量的马匹，而这些马就像人一样受到征召，每个交战国都依赖马匹、骡子和其他驮兽。在第一次世界大战之前，英国小规模的陆军拥有 2.5 万匹马，但到 1917 年中，大量扩编的英国陆军拥有 59.1 万匹马、21.3 万头骡子、44.7 万头骆驼和 1.1 万头牛。在 1917 年晚期，英国光是在西线战场上就有 36.8 万匹马和 8.2 万头骡子，数量远超过英国的汽车。这并非疯狂坚持要使用骑兵。西线战场英国的马匹只有 1/3 是骑乘用（而且其中只有一些属于骑兵部队）；大多数马匹是用来运输现代战争所需的大量物资，特别是从铁路卸货地点运输到前线。英国使用现有的马匹不是异常的紧急措施。英国迫切需要马匹，因而从美国购买了 42.9 万匹马和 27.5 万头骡子，此外还进口了大量的草料。英国善用全球马匹市场的能力，是其军事力量的关键。[9] 无论如何，这点英国并非特例。美国庞大的陆军在 1918 年涌进欧洲，每个大型步兵师都配备 2000 匹运送辎重的马，另有 2000 匹骑乘的马，以及 2700 头以上的骡子：每四名士兵就配有一匹马或骡子。

马匹有着长久的重要性，另一个更为突出的例子是第二次世界大战。德国陆军常被形容以装甲编队为中心，但德军在第二次世界大战所拥有的马匹数量，超过第一次世界大战的英军。马匹是“德军的基本运输工具”。德国在 20 世纪 30 年代重整军备，购买了大量的马匹，以致德国陆军到了 1939 年拥有 59 万匹马，此外该国其他地方还有 300 万匹马。一个步兵师约需要 5000 匹马才

图 7 在第一次世界大战时，马匹对各交战国都极为重要。在这张巴黎拍的照片中，马匹将奔赴战场。在第二次世界大战中，马匹对德国陆军是不可或缺的，德军在进攻苏联时所使用的马匹数量，要比拿破仑在 1812 年入侵俄罗斯帝国所用的马匹数量多很多。

能移动。德国在 1941 年为了入侵苏联，聚集了 62.5 万匹马。随着战事的进展，德国陆军劫掠它所征服的国家的农业马匹，使得军用马匹的数量越来越庞大。德军在 1945 年初拥有 120 万匹马；整场战事损失的马匹估计约为 150 万匹。[10] 较诸过去的战争，是否第一次世界大战和第二次世界大战都使用了更多的马匹？尽管也使用了其他的运输方式，运输马匹数与士兵人数之比是否也提高了？[11] 德军在进攻莫斯科时使用的马匹数量，确实要比拿破仑大军的马匹来得多。事实上德军比当年的法军花费更长的时间才抵达那里。

毫无疑问，马匹和骡子的全球数量在 20 世纪初期下降了。马匹从富裕城市和许多有钱国家的田地里消失。然而，驮兽在世界上某些地方不只依旧重要，甚至因为这些动物取代了人力而变得更加重要。甚至还有畜力取代拖拉机的戏剧性例子。古巴的农业在 20 世纪 60 年代早期由于苏联和东欧提供的农业机具而改变，导致犁田动物减少。然而苏东剧变使得古巴政府提出发展农耕动物的计划。农用马匹的数量恢复了，不过主要焦点是牛。古巴养殖训练大批的牛，并建立起使用牛所需要的基础技术设施。牛数量的恢复相当壮观，它们从 1960 年的 50 万头减少到 1990 年的 16.3 万头，但在 20 世纪 90 年代晚期又增加到 38 万头；取代了 4 万台拖拉机。[12]

走锭纺纱机的没落

许多工业机器的使用在 20 世纪没落了。一个很好的例子是英国棉纺织工业的走锭纺纱机；它在 1900 年主导了当时最重要的棉纺织工业。走锭纺纱机是在 19 世纪初期发明的，其名称源于它混合了两种不同类型的纺纱机——“珍妮纺纱机”的拉扯运动和“水力纺纱机”的卷动运动。20 世纪每台走锭纺纱机约有 1500 个滚动条，每一组走锭纺纱机由一名男性纺纱工和他的两名助手操作，后者分别被称为“大接头工”（big piecer）和“小接头工”（little piecer）。

当时这个全球化产业的核心是走锭纺纱机。棉花运到距离产地千里之遥处加工，由少数几个工业重心出口到全世界。这个产业的重镇是自由贸易的英国，特别是曼彻斯特这个“棉都”。英国棉纺织工业的最高峰是 1913 年，当时它不只是全世界最大的棉纺业，同时也是最有效率的。[13] 当全球贸易在两次大战之间出现壁垒，而日本又成为主要的竞争者时，曼彻斯特的出口因而衰退。1931 年是最不景气的一年，其产出只有 1913 年的一半。英国棉纺织工业未能有太大的复苏，从20世纪50年代初持续长期的没落，虽然此一没落产业仍旧相当重要。在20世纪30年代它占全世界纺织品出口的30%，而在50年代初期则占15%。在20世纪20年代棉产品占英国总出口的25%，而在50年代初期仍占5%。

直到20世纪50年代晚期，英国棉纺织业所使用的机器绝大多数还是走锭纺纱机，但机器都已经相当老旧。20世纪30年代使用的走锭纺纱机，大约有80%是在1910年之前安装的。1920年之后就几乎没有新安装的走锭纺纱机，而20世纪30年代之后就完全没有了，因此到50年代，绝大多数的走锭纺纱机都已经使用超过40年，这是30年代所预估的机器寿命极限。其他国家使用的另外一种纺纱科技是“环锭细纱机”，但是英国棉纺产业走锭纺纱机占高比例的特殊现象，不是因为抗拒环锭细纱机，而是在20世纪20年代初之后资本就很少投资于新机器。投资是如此之低，以至于如果按照1948年的机器替换率，要花50年才能用新式的环锭细纱机取代所有的走锭纺纱机，而且要另外再花50年才能用新式环锭细纱机取代旧式环锭细纱机。[14]以20世纪50年代中期的投资来计算，要用数十年时间才能取代既有的环锭细纱机。[15]

因此这个产业在1913年之后的历史是，机器日益老旧且数量越来越少。许多走锭纺纱机之所以消失，纯粹因为它们过于老旧而不值得保留，但许多淘汰的机器其实还能运作，之所以淘汰是因为产品已经没有市场。有人宣称这些老机器占据空间，导致没有办法安装新机器。结果政府花了很大的力气来成立所谓的“纺锤委员会”(Spindles Board)，向工厂收购并报废纺纱机。这一事例所代表的全球现象（在人们需要工作而世界需要衣服时摧毁纺纱机），在20世纪30年代震惊了进步派舆论。从1936年到1939年，委员会报废了620万台纺纱机；相较之下，从1930年到1939年，民间自行报废了1500万台。

战后在不同的经济环境下，推动了进一步的报废计划。1959 年通过的棉纺工业法案，推动了最大规模的报废，在一年内几乎拆掉了将近 1000 万台走锭纺纱机；这些机器在当时已经使用了五六十年甚至七十年。有的机器被保存在民俗博物馆或科技馆。

我们的科技馆强调的是首创的设计，因而很容易错失其馆藏物品不寻常的生命故事。不过仍在使用的老物品有其专属的怀旧刊物，那些仍旧可以运作的老火车、老汽车和老船只有许多专门的出版物。像《螺旋桨迷》（*Propliner*）这样的杂志，专门讨论还能飞的螺旋桨飞机。我们对 19 世纪、20 世纪的科技抱有怀旧感，这也点出了那些曾经代表未来的事物，其消失所具有的重要性。熨衣机曾经传播到 10% 的加拿大家庭，然而它并没有成为新一波家庭自动化的开端，反而很快就消失，就像英国的泡茶机器一样。[16] 飞艇这项 20 世纪初的科技奇观，在 20 世纪 30 年代很快就不再使用。奇迹杀虫剂 DDT 要比它企图消灭的蚊子和其他昆虫消失得更快。协和式超音速客机看来会是第一架也是最后一架超音速客机。载人高超音速飞机在 20 世纪 60 年代消失。核能一度被视为是未来的科技，20 世纪末许多国家却要将之淘汰。医学中也能见到这种现象，许多 20 世纪发明的治疗方法不再使用；脑叶切除术及电休克治疗（ECT）是鲜明的例子，虽然后者偶尔仍在使用。

不是未来城而是油桶城：科技与贫穷的大城市

贫穷世界（“贫穷世界”一词要比美名修饰的“发展中世界”以及现在已经无关紧要的“第三世界”来得适切）与科技的故事，经常被叙述为技术转移、抗拒、无能、缺乏维护以及被迫依赖富裕世界科技的故事。这一故事的关键概念是帝国主义、殖民主义与依赖，而主要的过程是将技术从富裕国家转移到贫穷国家。最关键的措施是贫穷世界引进富裕世界的科技设备及其创新能力。另一套叙述中，贫穷世界则背离其本真而采用“西方”科技，即便只是部分地采用都是背离。[17]此种观点至少可以回溯到两次世界大战之间，认为现代科技摧毁了地方古老、别样而更为纯正的文化。近来则认为，“西方”科技带头对贫穷社会发动暴力攻击。这些说法都未能考虑到20世纪新出现的贫穷世界的独特性。特别是，这些说法都没能看出贫穷世界是个独特的科技世界，这个科技世界成长快速而且依赖被巧妙称为“克里奥尔”(creole)的当地科技，而其中不少是我们所认为的“老”科技。我们可以像建筑师雷姆·库哈斯及其同伙的著作那般，用窥淫的方式来消费这个独特的世界，但是不需要把这世界想成是未来的世界，而是一个拥有自身贫穷科技的独特世界。[18]

全球人口在20世纪增加了2倍，但是欧洲的人口只增加约50%。主要的人口增长出现在贫穷世界——亚洲、拉丁美洲与非洲。最大的改变发生在贫穷世界的城市，它们以惊人的速度扩张。到20世纪末，世界上大多数的大城市都位处贫穷地区（这和20世纪初呈现强烈的对比）：巴黎、伦敦与纽约在过去以其规模和富裕领袖群伦，而2000年那些最大的城市是其他地方不会想要仿效的：圣保罗、雅加达、卡拉奇、[*]孟买、达卡、[†]拉各斯[‡]与墨西哥城。这是一种新形态的城市化，而且是快速惊人的城市化，它们并未重复稍早柏林或曼彻斯特的经验。它们不是马匹、火车或纺纱机的城市，也没有巨大的电子工业或化学工业。此外，它们大多数地区的建筑物并不是由建筑师、工程师或建

* 卡拉奇，巴基斯坦南部一座港口城市。——编者注

† 达卡，孟加拉国首都。——编者注

‡ 拉各斯，尼日利亚首都。——编者注

筑公司建造，而且也不符合建筑法规。这些城市的这些区域不是为了汽车或火车设置的，更不会为信息高速公路做任何铺垫。

这个新的城市化过程，其核心是贫民窟或违建区的成长；不过我们一定要小心使用这些名词，因为它们描述的是许多不同种类的住房。例如里约热内卢的贫民窟是有水电的，而危地马拉城的外来人口居住区晚上则是漆黑一片。贫民窟（slum）一词乍看之下可能指涉（富裕世界及许多贫穷世界里）城市当中最穷的人居住的老旧残破区域。然而，20 世纪晚期兴起了一种新型的贫民窟，它们是新兴建的，甚至可以说是刻意建造的。例如，“青年村”这个乐观名词是用来形容利马*的贫民窟，这透露出关于它们的重要讯息，虽然有些贫民窟已经有几十年的历史了。

通常而言，贫民窟的特征是缺乏富裕城市里常见的设施，像是缺乏永久性建筑物、某些特定形式的卫生设施或电力，但是我们对这样的定义要特别小心。我们要问的不是违建区缺乏什么样的科技，而是它们拥有什么样的科技。因为贫穷的城市有特定且新式的建筑系统、卫生系统乃至水、食物及所有生活必需品的供应系统；它们并不传统，而是崭新的。事实证明，它们能够维持规模庞大而快速扩张的新型都市状态，即使那是一种悲惨的生活。肯尼亚的“飞行厕所”（flying toilet）是贫民窟的现代科技之一。塑料袋是二战之后四处可见的化工产物，它不只用来大解，同时也用来丢弃过去被奇怪地称为“夜香”（night soil）的大便：装着大便的袋子开口绑死，拿到屋外用力把它丢得离住家越远越好。[19]

用来建筑许多贫民窟的现代材料，有时写在它们的名称上。北非早期的临时贫民窟称为油桶城（*bidonville*），因为这些建筑物是用切

* 利马，秘鲁首都。——编者注

开后再敲平的汽油桶（*bidon*）建造的；这个字已经变成法文的专有名词。摩洛哥对应的阿拉伯文名词是“金属城”（*mudun safi*）。祖鲁语称南非德班的贫民窟建筑为箱板屋（*imijondolos*），这个名词或许是源于其建材来自 20 世纪 70 年代在港口用来运输约翰·迪尔拖拉机的木板条箱。[20]

贫穷世界的乡村或城市发展一种突出的材料，那就是波纹铁皮或白铁，用来制造“铁皮屋顶”。19 世纪英国军队用它来制作活动住房，将之传播到世界各地。它也是澳大利亚、新西兰与美洲的白人移民小区用来建造屋顶与墙壁的关键材料——现在它们被视为地方特色建筑而引人兴趣。这是 20 世纪一种极为重要、真正的全球科技。它便宜、重量轻、容易使用且寿命很长，这些特点使其成为贫穷世界到处可见的材料，这是在富裕世界见不到的。二战期间有位西非的访客注意到：“伊巴丹*是当时撒哈拉以南非洲最大的城市……不到半个世纪它就从一个地方市集成长为居民接近 10 万人的城市；虽然就像非洲常见的状况一样，那里房子的屋顶大多用波纹铁皮建造。”[21] 今日的伊巴丹位于一条总共有 7000 万人的违建区城市走廊的一端。[22] 从航空照片来看，它的屋顶仍旧是生锈的波纹铁皮。

波纹铁皮不只是一种都市科技也被用来取代传统乡村建筑的干草屋顶。比利时的殖民者在卢旺达首度使用波纹铁皮来建造他们的公共建筑。到 20 世纪末，即便最贫穷的家庭也使用一种较轻型的波纹铁皮作为标准的屋顶材料。农民的房屋用土坯砖和波纹铁皮屋顶建造，称为“大地铁皮”。铁皮屋顶是整栋房屋中村民唯一无法自行制造的部分，因此是珍贵的财产；在 1994 年的种族屠杀中，胡图族劫掠了图西族房子的铁皮。情势逆转时，胡图族难民背着铁皮逃往刚果，其

* 伊巴丹，尼日利亚西南部的一座城市。——编者注

他人则把铁皮埋在田里。[23]

就像其他科技一样，波纹铁皮的形式和材料也有所创新。它变得更轻更坚韧，有许多不同等级的质量与类型，有新的瓦楞形状与涂层。但是长久使用的正弦波纹型，仍旧是最便宜等级的主流。

第二种重要的便宜建材是石棉水泥（又称纤维水泥），特别是石棉瓦。奥匈帝国的石棉生产者路德维希·哈切克在1901年为石棉水泥申请专利。他称这个发明为“埃特尼特”（Eternit），这项材料和这个名称都持续使用了很长时间。*1903年有个同名的瑞士公司开始生产这项产品，并且成为一家大型跨国公司，在世界各地都有分公司。在许多地方“埃特尼特”仍旧意味着石棉水泥；而在另一些地方它被称为乌拉里特（Uralite）或乌拉里塔（Uralita）。石棉这项纤维材料的主要用途是制作石棉水泥，后者主要用来制造瓦楞屋顶、建筑材料及自来水管和污水管。石棉水泥是现代城市化过程的关键材料。20世纪初主要在北美洲使用；第二次世界大战之后它在北美洲，尤其在欧洲的使用量大增，而亚洲、南美洲与非洲的使用量则在20世纪六七十年代开始增长。[24]不幸的是后来人们发现石棉是严重的致癌因素，在美国、欧洲与世界各地都逐渐禁止使用。结果从70年代中期开始，全世界的石棉产量都下跌了。不过在20世纪末，它的产量依旧维持在50年代的水平。即使在90年代，南非接受公家补助的新住屋仍有24%使用石棉水泥屋顶。[25]

法国殖民地马提尼克籍作家帕特里克·沙莫梭在他有关违建城市的伟大小说《德萨可》（*Texaco*）中，反映了对于20世纪六七十年代新兴贫穷城市的新理解。《德萨可》将马提尼克的历史区分为棚屋（*ajoupa*）与长屋的时代、干草时代、木板条时代、石棉时代及水泥

---

* Eternit一词接近“永恒”（eternity），“使用了很长时间”是个双关。——编者注

时代，反映了违建区的关键建材。[26]石棉年代用石棉水泥板盖墙壁，屋顶则用波纹铁皮建造，因此人们偶尔会买一袋水泥来让他们的世界更为稳固。书中角色之一是位新型的城市规划专家，他开始了解这种新型的城市。“自立造屋”（self-help housing）与“自主营建”（*auto construcción*）的确成了城市规划的艺术名词，承认了在现代性标准网络之外大量兴建的房子。

波纹铁皮、石棉水泥与水泥不是贫穷世界的发明，而先是出口到贫穷世界，然后开始在当地生产。贫穷世界的大规模增长，与大规模增用来自富裕世界的“老”科技，是携手并进的；同样重要的是，如此传播的科技通常是改造“老”科技而来，我们可以把它们形容为克里奥尔科技。克里奥尔是个复杂的名词，有很长的历史和许多不同的意义。它通常意味着原本外来的事物在当地的衍生产物（尤其是美洲的白人和黑人所衍生的产物）。这个名词也带有朴素、地方、庸俗、通俗的意义，而和大都会的精致形成对比。克里奥尔意味它是衍生的，同时也不同于原来的案例。有时克里奥尔意味着外来与既有的混合体，虽然这不是它通常的意思。[27]

克里奥尔科技

克里奥尔科技的一个重要面向是：它基本上是一种进口的科技，但在贫穷世界取得了新的生命。许多例子是贫穷世界很晚才采用富裕国家的科技，并且使用很久。一个小例子是印度奥里萨邦（Orissa）的警察在 1946 年采用信鸽，一直用到 20 世纪 90 年代才逐渐淘汰。印度的汽车工业则有一些较为著名的例子。从 20 世纪 50 年代中期开始，1955 年的皇家恩菲尔德子弹型摩托车开始在印度生产。这型机车直到今天仍在最初的马德拉斯工厂（Madras factory）生产，年产量 1 万辆，其生产方式仍旧很少使用生产线组装。西孟加拉邦乌塔尔帕拉（Uttarpara）的印度斯坦汽车公司，仍在生产以 20 世纪 50 年代中期莫里斯牛津系列 2 型（Morris Oxford Series II）轿车为蓝本的大使牌（Ambassador）轿车。它的生产从 1957 年开始，迄今已经制造了 80 万辆。就产量规模而言，大众甲壳虫的历史更是著称的例子。它到 70 年代早期就超越福特 T 型轿车，成为全世界生产数量最多的汽车（1500 万辆），而且还继续生产，总产量达 2100 万辆。这型车最后的产地在墨西哥，该地从 1954 年就开始生产，而在 2003 年停产。巴西的生产在 1986 年停止，在 1993 年重新生产，而在 1996 年再度停产；这时德国早已不再生产此型车了。

中国对于旧的生产技术自有其独特态度，追求“两条腿走路”的工业化方针，被称为“科技的二元主义”。第一条腿是城市大规模的工厂生产，采取向苏联学习而来的模型，致力于移转苏联的技术能力、模型、设计与工厂。有很长一段时间中国一直是苏维埃科技的生产者，直到 20 世纪 80 年代末它仍在生产苏联 50 年代的卡车和蒸汽机车。蒸汽火车迷前往中国的列车调度厂和侧线*参观，因为要到 20 世纪 80 年代中期，中国的柴油机车和电气机车的产量才超过蒸汽机车。

第二条腿是地方经营的小规模工业，依赖地方原物料并供应地方需求，它们通常位于农业部门。这些工业的基础是集中提供的工艺，其本身通常是世界其他地方都已经不再使用的“老”科技。从 20 世纪 50 年代晚期开始，“后院式炼钢工业”生产以及小规模的水泥窑、肥料工厂、农业机械工坊、食品加工、发电与矿业在“大跃进”时期盛行。在这当中，肥料生产是少数的新科技，地方工厂生产一种全世界其他地方都没有使用的肥料：碳酸氢铵。

* 侧线（siding），即从道岔引出的侧向铁轨，一般与正线相对。——编者注

无论以哪种标准来看都极不成功的“大跃进”，让中国人民付出了巨大代价。饥荒夺走千百万人的性命，在一个极为贫穷的国家，还残酷地浪费了技术与天然资源。随着“大跃进”的瓦解，许多地方企业关门。但也有许多企业持续生存，直到“文化大革命”时这种工业又再度大为扩张。到 1971 年有 60% 的肥料生产、50% 的水泥生产及 16% 的水力发电量都来自小型工厂，整体大约占中国工厂产出的 10%。[28]

交通

所谓贫穷世界的科技只是在时间上落后于富裕社会，这样的想法并不完全适用。贫穷大城市的生活肌理就说明了这点。交通是第二个例子，因为贫穷大城市的交通模式，不同于 1900 年甚至 1930 年的大型富裕城市。当时这些富裕城市并没有 20 世纪晚期亚洲大城市的自行车密度或摩托车密度。全世界的自行车生产与摩托车生产欣欣向荣，特别是在 20 世纪 70 年代以来的贫穷世界。自行车的生产首度在几十年里都超越了汽车。近年来全世界每年大约生产 1 亿辆自行车，而只生产约 4 千万辆汽车。全世界在 20 世纪 50 年代约有 1 千万辆自行车与 1 千万辆汽车，直到 70 年代它们的数量仍保持大致相等。在 70 年代早期，中国自行车的生产从每年几百万辆，扩张到每年 4 千万 ~5 千万辆，带来巨大的改变。[29] 中国台湾地区与印度在 20 世纪末生产的自行车数量，要比 20 世纪 50 年代的全球产量更高。贫穷的大城市使用的自行车衍生科技，提供了一个克里奥尔科技的例子。

据报道，加尔各答市在 2003 年仍试图淘汰手拉人力车，这种交通工具在亚洲大部分地区早已消失。即使就手拉人力车的标准而言，这些人力车都算过时了：加尔各答的人力车轮子有轮辐，但这种轮子并非来自自行车科技；它们是木制的并且使用实心橡胶轮胎而非充气轮胎。那么，这是古老的残留物吗？

事实上，手拉人力车并不是古代的发明，而似乎是日本在 1870 年代设计的，虽然欧洲曾小规模使用类似的物品。人力车取代了轿子，其使用在 19 世纪晚期蓬勃发展，起先盛行于日本，数量在 1900 年左右达到高峰，然后迅速传播到亚洲各地。在新加坡它的数量于 20 世纪 20 年代达到最高峰，而加尔各答的人力车则在 20 世纪二三十年代增长。大多数地方在第二次世界大战后停止使用手拉人力车。谴责它是一种羞辱可怜车夫的野蛮机器。

人力三轮车是一种和手拉人力车几乎一样老的发明，然而，这种物品的使用在后来才达到高峰。[30] 它是在 19 世纪 80 年代开发出来的，但起初使用的人不多，要到新加坡在 1929 年开始采用它，这种情况才有改观；当地人力三轮车的数量在 1935 年超过了手拉人力车。它们在 1930 年左右出现在加尔各答，约在 1938 年引进到达卡，而在 1936 年引进到雅加达。到 1950 年，它们已经出现在南亚和东亚的每一个国家。日本从未大量使用它们。在不同国家它们的设计有些差异，但在同个国家中则差异不大。最常见的设计是乘客坐在驾驶座后面〔印度、孟加拉国、中国内地与澳门的“三轮车”（*triciclo*）〕。但乘客坐在驾驶座前面的版本也很常见，例如印度尼西亚的“贝卡车”（*becak*）、越南的“脚踏轮车”（cyclo）和马来西亚的“三轮车”（trishaw）。还有些是乘客坐在驾驶座的旁边，像是菲律宾的“侧车”（sidecar）、缅甸的“赛卡车”（*sai kaa*）及新加坡的“三轮车”（trishaw）。[31]

人力三轮车在第二次世界大战后并没有消失，而且在 20 世纪六七十年代还快速增长。据估计在 80 年代末全世界总共有 400 万辆，虽然某些国家的数量减少了，但其总体数量仍在增加。达卡是人力三轮车的首都，在 20 世纪末约有 30 万辆。下一种克里奥尔科技是世界上的富裕城市所不知道的，它是轻便摩托车改装的出租车（scooterbased taxi)。这些“自动人力车”(auto-rickshaw)从 20 世纪 50 年代开始出现于印度，而相似的设计传播到亚洲各地〔例如泰国的“嘟嘟车”(*tuk-tuk*)及孟加拉国的“宝贝出租车”(baby-taxi)〕。

人力三轮车是都会的机器，而非乡村的机器。它的出现其实晚于表面上看起来较为新颖的交通科技。必须先有专门为汽车、巴士与卡车建造的碎石铺面道路，才会有人力三轮车。然而，在亚洲快速扩张的城市，它们被视为一种丢脸的贫穷科技，也是一种必须淘汰的老科技。不论殖民时期还是后殖民时期，亚洲的城市政府都想要管控它们，不是限制执照数量就是干脆禁止。然而，即便政府曾在 20 世纪中成功淘汰掉纺纱机这类机器，企图禁止人力车却以惨败收场，因为据我们所知，其数量仍持续增长。现在它们出现于过去从未出现过的地方，包括在伦敦市中心的苏活娱乐区固定营运。

改造船只

水路运输提供了一些克里奥尔科技的好例子，特别是混合科技。流经曼谷这个大城市的湄南河，是一种不凡小船的家乡。通过将大型汽车的发动机架在环架上面，推动位于一条长轴末端的螺旋桨，这些长而薄的木船就转变成了动力船只。驾驶员通过转动整个发动机与螺旋桨来控制船只。这种“长尾船”是个精彩的发明，首次出现在曼谷，接着传播到整个泰国，它们不只用在观光业，同时也成为提供船只动力的标准方式。船尾是在曼谷制造的，价值 100 美元；购买发动机的花费大概是 600 美元，相较之下一部摩托车要价 500 美元。这些船也出现在柬埔寨与越南的湄公河，有人说秘鲁的亚马孙河也有这样的船。

克里奥尔科技的另外一个例子是使孟加拉国重新获得活力的“乡村船”，在这个国家有数以百万计的人依赖船只运输。这些由巡回的穷苦船匠（称为“mistri”）手工建造的船只，逐渐为陆地运输取代。然而，20 世纪 80 年代初期它们在孟加拉国西北部获得改造。当地的新水井使用汽油泵打水，但这些水井每年大部时间都是闲置的，某个不知名的工程师使用其中一个泵来推动船只。到了 20 世纪 80 年代晚期，在雨季及旱季的市集日人们使用许多这样的船只。渐渐地，这些发动机（泵）永久地装置在船上，其中灌溉泵仍最受欢迎，因为购买这些泵有政府补贴。20 世纪 80 年代当地人开始使用铁皮来造船，也使用海边拆船厂再生使用的钢板来制造更大的船。[32]

人力三轮车、摩托乡村船、长尾船以及贫民区的建筑，都是结合了大型工业的产品（汽车发动机、自行车、水泥、石棉水泥）及当地小规模工业的产物。这些是衍生出来、适应当地的科技。但它们不仅

图 8　在 21 世纪前夕，人们正在乌克兰的喀尔巴阡山山脚下搜集干草。虽然这样的车辆看起来像是历史遗物，但它的车轮看起来是从汽车拿过来的。图片中还可以看到电线或是电话线。此外乌克兰的农业早在数十年前就已强迫现代化了。

如此——旧的、更传统的科技因为本土改装而获得新生命。这样的混合很普遍。世界上有许多地方使用汽车车轴和方向盘来制造驴车。最原始的木质渔船则因为使用合成渔网而变得更有效率，更大一点手工制造的木船则加装上发动机、雷达与声呐，只要造访世界各地的小渔港就可以证实这点。

复古与重现

在富裕世界有许多“老”科技被重新引进。有线电视在20世纪五六十年代是消失中的科技，但是在80年代却以貌似新型的外观强劲复辟，承诺将带来更多的电视频道。广义的电缆的确重返了，虽然其形式通常是光纤电缆，比之前的铜线电缆可以传递更多倍的讯息。避孕套的使用在20世纪大量扩张，然后因为引进避孕药与其他新的避孕方式而没落，但随着艾滋病的出现又恢复成长。针灸在17世纪就引进欧洲，在19世纪初期曾经一度兴盛，接着缓慢没落，但到20世纪70年代又重新复苏。客机在20世纪50年代末和60年代初凌驾了客轮，然而许多这些客轮在六七十年代被改造为游轮，并且发展成为一种产业，到了20世纪末期，它搭载的乘客比过去还要多。游轮在假日时搭载超过800万名乘客，现在全世界最大的游轮港口是迈阿密。历史上最大的客轮不再是两次世界大战时的庞然巨物，像是诺曼底号或是伊丽莎白女王号，而是20世纪即将结束时兴建的新世代游轮。以1902年产的“普鲁士”号帆船为原型，一家造船公司为豪华游艇市场建造了一艘史上最大的帆船，它就是2000年交货的“皇家飞剪”号，这艘帆船是在格但斯克*的前列宁造船厂及荷兰的马特威

* 格但斯克，波兰北部沿海地区最大城市和最重要的海港，德语名为但泽。——编者注

(Merwede) 造船厂建造。贝尔法斯特*的哈兰德与沃尔夫造船厂经常接到探询，问是否能重新建造不幸的泰坦尼克号来充当游轮。电视台用飞艇来转播重大事件和搭载观光客鸟瞰大城市。

大使牌轿车和子弹型摩托车被卖回到富裕世界，这是它们数十年前的现身之处。为最贫穷的市场制作的旧型脚踏缝纫机，其复刻版在富裕世界出售。[33] 百达翡丽这类奢侈机械钟表仍在生产。中国的大同机车厂在 1988 年改为生产柴油机车之前，曾出口蒸汽机车到美国供观光铁路使用。[34] 在美国出现来复枪产业，专门制造仍可使用的 19 世纪复刻版，以满足枪支迷。古董相机及经典相机的复刻版卖给识货的顾客，特别是徕卡。黑胶唱片则有独特的市场空间。

根据加州蒙大维酒庄的蒂姆·蒙大维的说法，“前进到过去”(moving forward to the past) 是食品生产与消费最重要的创新之一。蒙大维将橡木发酵桶及其他的老科技引进到高科技酿酒厂与葡萄园。[35]“有机食品”的生产和过去有着特别的关系。有机运动的宣传之一是，有机生产对环境的伤害较小，因此更有益于动物与人体的健康。有机的关键做法是放弃使用化学肥料、杀虫剂与杀真菌剂。然而，有机认证标准允许使用许多 19 世纪晚期标准的农业材料，像是开采压碎磷酸岩来当作肥料。在某些情况下可以使用鸟粪石，以及 19 世纪所用的含铜除真菌剂，像是波尔多与勃艮第混合液，虽然其含量受到限制。

出现帆船游艇及其他复古表现的世界，已经完全不同于帆船主导海运而化学肥料尚未问世的世界。波纹铁皮屋顶和自行车是现代工业的产物，它们属于发生产能大转型的 20 世纪世界。然而，在这则不平凡的故事中，表面看似老旧的科技，其重要性有时候超出了我们愿意承认的地步。

---

* 贝尔法斯特，英国北爱尔兰的最大海港城市。——编者注

第三章

生产

20 世纪大部分时候，全球经济产出的增加速度，比人口的快速增长还快得多。其中特别醒目的是，二战结束后三十年间的快速增长与变迁。这段时期出现世界史上空前的产出增加，此后在富裕国家再也不曾出现如此快的增长。作为一个重要的历史转型期而言，它的名称却相当谦虚，称为“长荣景时期”或“黄金时代”，而这些名词并不会让人想到革命性的改变。科技史若有考虑到这个时期，也仅称之为第三次或第四次工业革命。但在世界上许多地区，包括欧洲大部分地区，这段时期是首次的工业革命，就业决定性地从农业转移到工业和服务业。生产效率在这个时期快速增长，以越来越低的价格生产问世已久的产品。接着，贫穷世界以前所未有的增长速度延续这一过程。

关于生产，常见的故事大略如下：就业与产出从农业转移到工业，然后再转移到服务业。前者称为工业革命，后者称为后工业转型、知识社会转型或是信息社会转型，并且联结到许多人所谓的后现代主义：某些马克思主义者称此为“新时代”，而资本主义的华尔街达人则称之为“新经济”。[1]20 世纪 90 年代宣扬的版本之一号称，现代经济变得“无重量”与“去物质化”——这些说法其实是老调重弹，却假装得好像从未被提出过。这些说法宣称，未来权力不在于土地或资本，而是在于知识。它们再次许诺一个由"知识产权"与"人力资本"主导的世界。

然而，将焦点放在就业人口比例的这套历史阶段论，很容易扭曲整体状况。20 世纪的农业产出极大扩张，而且还持续如此。富裕国家的农业在长荣景时期出现史上最激进的革命：生产力的增长是如此之快，以至于虽然农业就业人口减少，但产出却在增长。工业产出亦极大增长，即使富裕国家的工业就业人口在 20 世纪 70 年代就开始减少，但产出依然持续增长。服务业也已经增长很久。服务业就业扩张的部分原因是，那些只有靠雇用更多人力才能提供的服务有所拓展。一个很粗糙且违反直觉的初步推测是：就业人数降低不见得是失败或落伍的指标，而是快速的技术变迁所致。我们也得知道，这些人为范畴的分野并不那么明确，也不像表面所见那般能揭露出背后的趋势：屠宰动物通常归类为制造业而非农业，出版与印刷业是制造业，有些维修活动与交通运输则归类为服务业。

农业、工业与服务业的三分法错失了一个非常重要的面向：家庭的非市场生产活动。这是全体生产活动的一个基本部分，不论农业、工业或服务业皆然。我们很早就知道国内生产总值，这个从 20 世纪 50 年代起就沿用的标准国家收入数据，并未包含非交易品的产品与服务。[2] 大多数家务没有工资，因此大多数的国家账目也不会将之列入。富裕世界大多数的无薪工作是由女性承担，虽然不是所有的无薪工作皆如此。男性更常从事的无薪工作领域是维修。[3] 通过对时间的使用分配进行研究，以及近年来包含家务工作的国民卫星账户（satellite national accounts），我们可以得知此点。这数字在富裕国家，大约介于传统计算下国内生产总值的 30% 到超过 100% 之间。在世界上许多地区，家庭仍旧是关键经济单位，不论是自用或是为市场生产皆然，农业尤其如此——农民家庭这个经济与文化单位在 20 世纪受到严重忽略。家庭是个好的讨论起点。

家庭生产

在1922年版的《大英百科全书》中,“大量生产”这则条目指出,“工厂系统”第一个效果是“解放了家庭；原本家庭只不过是纺纱机或工作台的附属品，之后才发展出来现有的尊严地位。”西格弗里德·吉迪恩率先研究富裕家庭的机械化，他在1948年写道：“我们几乎谈不上有所谓的家庭‘生产’。”[4]富裕家庭对机械的消费使用有许多可以讨论之处，但就生产方面而言则不然。

观诸当前科技史的研究现况，确实应该多加严肃考虑家用娱乐科技。在富裕世界，家庭采用收音机、电视与录像机等娱乐科技的速度，要快过采用洗衣机或吸尘器。轿车与电话的使用方式其实更像收音机与电视，而非洗衣机；轿车与电话刚开始主要是种娱乐科技。[5]轿车起先用于拜访亲友与旅游，而非通勤。虽然电话起初的销售定位是商业工具，但妇女很快就将电话用于社交与八卦等工程师眼中轻浮琐碎的用途。[6]20世纪20年代轿车扩散到美国大多数由家庭经营的农场，其扩散速度要比卡车或拖拉机更快。[7]1920年，美国农场拥有的轿车高达200万辆，相当惊人，相较之下拖拉机只有25万辆，而卡车只有15万辆；到1930年农场的轿车数量达到了400万辆，直到20世纪50年代晚期一直维持在这个数字。[8]中西部的农场在1920年大约半数都拥有轿车，拥有电话的比例更高，但只有不到10%的农场拥有拖拉机、自来水或电灯；1930年80%的农场拥有轿车，60%拥有电话，30%拥有拖拉机，15%~20%拥有电灯和自来水。[9]20世纪30年代拥有收音机的比例大约40%。[10]这种家庭模式一直持续，不管有多少人抱怨贫民窟的居民先买的是电视而非缝纫机，或是20世纪50

图 9 1910 年左右在田纳西州东部安德森县的玛丽·福斯特夫人与手纺车。即便美国在当时拥有全世界最有效率的产业，且福特 T 型汽车已经开始大量生产，但手纺车仍在使用。

年代的日本农民购买的是炫丽的瓷砖与和服，而非购买洗衣机。

然而，生产仍旧是家庭的重要功能。至少从两次世界大战之间开始，一般认为富裕国家较为有钱的家庭要有新的家用科技，并用新的科学方法来组织家务，以致力于食物制作、整洁与秩序。家庭厨房表面上看来是私人的世界，现在却有其专家，包括探究现代性冲击感的社会研究先驱、研究预算与时间分配使用的学者、新式卫生生活的提倡者，以及“家庭经济”“家务科学”及“家庭工程”的倡导者。[11]这类研究有许多是由利益相关方推动，像是美国的农村电气化局、* 电器产品制造商及英国电力发展协会这类从业者成立的团体。这些团体当然不会为家用电器生产商推广女性单独就可操作的家用电器。

广告商与受资助的研究者最古老的陈腔滥调之一，是家中的新科技减轻了富裕世界家庭主妇的重担，为她们带来休闲。然而，美国中产阶级的家务工作在 20 世纪早期就有增加，要到 20 世纪 60 年代才开始减少，这距离家务新科技开始广泛使用已经有相当长的时间。机器取代了家庭用人，使得中产阶级家庭主妇的角色，从工人的监督者转变为机器的操作者。家务工作的劳动生产力增加了，但是这带来的并不是工作的减少，反而是家庭生产的增加。家庭生产力与产量增加了多少？和大型工业或与农业相较之下又如何？这并不清楚，因为这类家庭生产的产出并未受到衡量。从越来越干净的衣服到许多新型的家庭烹调食物，这个庞大的生产世界所提供的各式产出都出现快速的变化。尽管这非常重要，却很少有人记录。

不过我们可以谈谈家庭生产的工具。一般而言富裕家庭的机械工具，和工业使用的工具相当不同，非机械工具也是如此。这些工具被称为“耐用消费品”，而非“耐用生产品”：它们不是“投

---

* 农村电气化局是美国农业部下辖推动农村电气化与电话普及的单位。

资”而是“消费”。家用工具是大型工业与科学研究带来的产物，其中许多因大量生产而便宜不少。[12]有些公司在市场的主导地位是如此强大，以至于其商标不只令人熟悉，甚至变成该种工具的名称，我们只要想想胜家（Singer）或是胡佛（Hoover）就可以知道这一点。*

大型企业甚至改造表面看来很老式的工具。有一款寿命很长但并未广泛传播的烹饪炉具，提供了一个有趣的例子——这款炉具特别让人联想到19世纪的家庭。集气炉（AGA Oven）在1929年问世，这是个大型且深具创意的瑞典公司（英文是“集气公司”，Gas Accumulator Company）的产品，这家公司在两次世界大战之间的产品包括汽车、收音机与电影设备。公司在1909年到1937年期间扩张，总裁是尼尔斯·古斯塔夫·达伦。他因为乙炔的储存与使用方法及相关的自动灯塔等发明成果，获得1912年的诺贝尔物理学奖，[13]这些发明也让这家公司走向成功之路。达伦本人开发的集气炉能够将相当高比例的燃料转变为可用的热能，使它成为到那时为止燃料效率最好的炉具。到1934年这款炉子销往世界各地，稍后约在十个国家生产。集气公司在1957年停止生产这种炉子，但英国却持续生产，事实上英国现在仍在生产这种炉子。[14]在煤气灶与电炉当道的时代，这一长寿的科技染上了一丝复古风。

就像集气炉一样，煤气灶与电炉从19世纪晚期引进到现在，并没有出现很大的改变。家务生产的科技新颖处不多。浴缸、莲蓬头、缝纫机、烹饪炉、吸尘器、洗衣机、电熨斗、冰箱、冰柜与洗碗机在两次世界大战之间都已在使用，其中大多数的历史更长，经历数十年而没有太大改变。其使用的普及程度主要取决于经济，也和是否有电

* 英式英文的“Hoover”成为吸尘的动词。

力、煤气与自来水有关，而和发明出现的时间关系不大。国家变得越有钱，就取得越多这类产品。国家也因为生产更多这类产品而变得更富裕。欧洲较为富裕的区域，汽车、洗衣机与电话等产品的消费，要到 20 世纪五六十年代，才达到美国 20 世纪 20 年代的水平。这些设备要到更晚才传播到世界其他地区。

缝纫机和手纺车

缝纫机是家庭科技复杂历史的绝佳范例，理由包括这是种遍布全球的科技。在第一次世界大战之前，钟表、自行车、钢琴与缝纫机等产业是富裕国家新的耐用消费品的工业先锋。[15] 缝纫机基本上是胜家缝纫机公司这家全球企业以庞大规模生产的产品，这家公司不只是大量生产的先锋，也是通过分期付款进行大量营销的先驱。胜家公司全球 8 家工厂在 1905 年雇用了 3 万名工人来制造缝纫机，当时这是相当大的员工数量；然而，相较于该公司 4000 家以上门市部的 61444 名全球营销人力，这又是小巫见大巫了。[16] 胜家或许占（美国之外的）90% 全球市场，在第一次世界大战之前卖出了约 250 万台缝纫机，其中有 130 台是由苏格兰的克莱德班克厂所制造。[17]

缝纫机的生产在 20 世纪持续增加。在 20 世纪 60 年代晚期，领先的生产者是日本，制造约 430 万台缝纫机，其中大部分用来出口。[18] 在这之后产量开始下跌，到 90 年代中期跌到了全球 400 万台：230 万台来自中国大陆，接着依次是台湾地区、日本、美国和德国。[19] 在 20 世纪 60 年代到 80 年代的中国，缝纫机是“四大件”之一——其他三件是手表、收音机和自行车。[20] 20 世纪 80 年代中期在中国农村地区，每个农村家庭拥有“一俩自行车，约一半的家庭拥有一台收音机，43% 拥有一台缝纫机，12% 拥有一台电视机，而大约有一半的农村成年人拥有手表”。[21]

大体相同的缝纫机被用于各种不同的背景。大多数进入家庭，被用来制造和缝补家人的衣服，也在巨大的外包系统中为市场进行生产。缝纫机设置于小型的血汗工厂，也安装于 20 世纪 30 年代就开始发展的巨大成衣工厂。[22]

缝纫机也是非常长寿的绝佳例子，它不只持续使用，而且持续生产很长的时间。20 世纪 60 年代的脚踏缝纫机和 1914 年之前制造的机器没有多大变化，也是秘鲁安第斯山脉瓦伊拉斯地区的小城“迄今最重要的现代用具”。[23] 2002 年 4 月泰国北部湄宏顺的一家网吧旁边，人们给胜家脚踏缝纫机贴上 150 周年降价促销的标签，在它旁边则是电冰箱、洗衣机等家电。在世界的另一头，意大利莱切一家价格昂贵的男性裁缝店也用胜家脚踏缝纫机来缝制男人的西装。[24] 国际发展机构所支持的小额贷款项目常会讨论到脚踏缝纫机。

缝纫机在甘地的思想中占有特殊的一席之地，它是可供选择的生产方式的范例。甘地强烈反对以机械为基础的工业：不要大量生产，而要由大众生产，这是他著名的主张。他虽敌视工业制造的机器，却有些“聪明的例外”。他说：“以胜家缝纫机为例。”“它是少数被发明出来的有用物品……”采访甘地的人回应，这样他就不能反对生产缝纫机的工厂，甘地回答说他是“相当程度的社会主义者，”并且主张“这类工厂应该国有化或是由国家控制。”对缝纫机，他宣称：“不过是我心目中的例外之一……我随时都欢迎能把歪掉的纺锤拉直的机器，”如此一来，“当纺锤出问题时，每个纺纱工人都会有自己的机器把它弄直。”[25] 在甘地的理想世界中，最重要的机器不是缝纫机，而是手纺车（charkha），在当时的印度，这是个已经死掉的科技。甘地宣称：“对我而言手纺车是大众的希望。”“失去了手纺车，大众就失去自由。手纺车补贴村民的农业收入，赋予他们尊严。它是寡妇的朋友和慰藉。

它让村民远离懒散。手纺车还包含了纺纱的上游与下游工序——去除棉籽、梳理、裁切、染色与织。这些活动也让村子的木匠和铁匠有事可忙。”[26]甘地将手纺车重新引进印度，它的图像成为印度国民大会党党旗的一部分。

工具与小生意

用大量人力进行生产，这是20世纪穷人大多数生产活动的特征。国际共产主义运动使用的标志，不是马克思所称颂的亨利·莫兹利车床，也不是马克思熟悉的纺织工业的纺纱机，也不是T型汽车。相反地，是铁锤和镰刀，前者是我们在乡下最常看到的铸造工具，后者则是农业机械化之前的关键工具。或许我们不应该对这样的标志选择感到意外。

在整个20世纪。小型企业都靠最简单的工具来运作。即使是制造业，德国和法国在1900年左右，大约有1/4到1/3的工人独立工作。[27]1939年的巴黎，家庭经营的餐厅每天提供约100万份的餐点，这个数字到了1950年降到25万份，降低的原因是因为工厂和办公室附设的食堂兴起，虽然家庭经营的餐厅后来又开始增长。[28]西西里农家在1931年平均拥有2个房间和1个马厩，除了某些“简陋的”农业用具之外，他们还拥有1头骡子、几只鸡和少许财物。[29]二战抵抗德国占领的希腊人民解放军中有位指挥官在1944年6月发表的一份声明中描述了社区的生产工具。他提及“屠夫和他的刀，杂货商和他的秤砣，咖啡馆老板和他的椅子，菜贩和他的秤。”[30]在20世纪80年代，孟加拉国的乡村船是由流动的造船木匠制造，他们传统上是印度教徒，这些人非常贫穷，没办法自行购买造船的材料，有时候甚至连他们所使用的简单工具也买不起。[31]

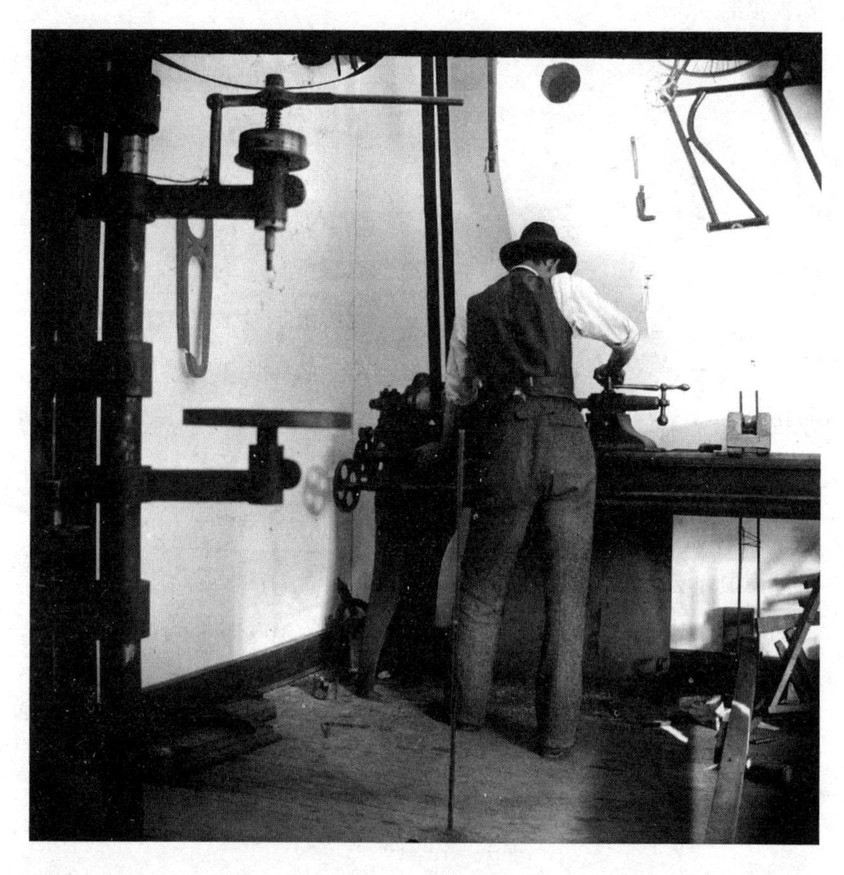

图 10　1900 年左右，威尔伯 · 莱特在他位于俄亥俄州代顿镇的自行车店工作。这样的作坊可代表当时全世界数以百万计的小型工程企业。他和他的兄弟奥维尔日后成为使用可操控机械动力且重于空气的飞机进行飞行的先驱，因此闻名于世。

今天在贫穷世界旅游时，不管在乡下或城市，很容易注意到小型的金属加工作坊，其中最复杂的工具很可能是用来焊接的氧乙炔焊枪或电焊枪。黄昏时刻在全世界各地的街道，都有维修车间间歇发出的焊接光芒，这些车间很可能同时也制造一些简单的设备。或者想想在曼谷人行道上帮人家修理电器的小生意，或是许多贫穷城市可以看到回收商将轮胎改制为鞋子或许多其他的货品。

美国和苏联的家庭农场

20 世纪初期，北美中西部的家庭农场是全世界最富裕的。这些农场极具生产力，这点并非就土地生产力而言（当时欧洲农民在这方面遥遥领先），而是就劳动生产力而言。从 20 世纪 20 年代开始出现大量的福特森拖拉机：它们可以取代 5 匹马，而且耕田的速度是这些马的 3 倍。晚近的大型农耕机速度是一组马匹的 30 倍。[32] 拖拉机的关键效用之一，是减少中西部家庭农场雇用的工人数量：连带效果是农场主的太太也省下为大量雇工准备餐饮的工作，女主人为雇工准备餐点是当时的标准做法，这凸显出家庭与农场之间界线的模糊。[33] 在两次世界大战之间，中西部农场的妇女大量参与其他的非家务活动、照顾菜园和饲养家禽，其中不可忽视的少数妇女还负责挤牛奶、记账，同时每年有一小段时间也在田里工作。[34] 即使在二战之后，仍有 60% 以上的中西部农场进行菜园种植、牛奶生产和屠宰工作；鸡蛋的产量仍旧相当高。渐渐地农村妇女从事农场以外的工作，并且在田地里工作，而非从事这些小规模事业。[35]

苏联的情况则相当不同！想想看 20 世纪 20 年代中期布伦聂塔尔（Brunnental）的伏尔加河流域德裔农耕定居区。这里的农民贫穷得多了，过着极为自给自足的生活。他们用镰刀来收割，有些农民则使用收割机与割捆机；他们大多用马匹推动的机器来打谷，很少使用摩托动力的打谷机。该区至少有一架福特森拖拉机，但必须自行提供大部分的农业用设备。一位车匠和他两个十来岁的儿子，用车床和手工制造马车。建造一辆马车是耗时 4 周的粗重工作；如果使用现代动力机械，同样的工作只要 20 小时就能完成。值得注意的是，上述故事的记录者列出的是该区每个家庭的职业，而非个人的职业：这些家庭的工作包括制造家具、制鞋、裁缝、修水管、制作毡靴毡帽、制革、锻铁和经营磨坊。[36] 那里没有成衣，虽然富农的太太会有缝纫机，但农民的太太和女儿在家里缝制衣服，通常完全是手缝的——衣服用粗羊毛制成。大部分的家庭有手纺车。只有厚重的衣服才会请裁缝师傅缝制。

1929 年的农业集体化，粗暴地撕裂了这个世界。富农被剥夺了所有财产，遭到流放且往往因而死去。其他的农民则成为半受雇人员；有的是帮新的中央国营机械拖拉机站工作，为三个集体农场服务。接下来是数年的饥荒，直到 20 世纪 30 年代晚期才复原。到 1941 年，所有这些伏尔加河流域的德裔农民都被流放到了西伯利亚。*

1930 年，非常贫穷的苏联拥有的拖拉机数量占全欧洲 1/4，而到 1939 年则占了 2/3。在没有电力与消费商品的乡下，拖拉机的数量要比汽车更多。然而，推动集体化的力量并不是拖拉机的使用，而是试图改变乡村阶级结构的政治指令，以及企图从农场榨取谷物来喂养城市（及其新工厂）与出口农产品，以便支付拖拉机和其他生产资料的费用。集体化的速度要比拖拉机的供应来得更快。几乎可确定集体化事实上减少了农场拥有的动力，因为农民为了避免他们的牲口被集体化而加以屠宰，包括拉车的动物在内。苏联农用马匹的数量从 1929 年初的 3300 万匹，崩溃到 1934 年只剩下 1500 万匹。[37] 缝制衣服等

* 纳粹德国在 1941 年入侵苏联。

乡下手工艺同样没落，部分原因是有技能的工人迁徙至城市，遭到“去富农化”或变得太过贫穷。[38] 在许多村落，集体化带来生活水平和机械设备的退化。

在第二次世界大战之前，一个集体农场平均由 75 个家庭组成。在此之后，苏联的集体农场和国有农场变得更大。拥有数千公顷耕土地和数百个家庭的巨大农场，惊人地不具生产力，完全无法提高苏联的农业产出。1960 年代和 1970 年代的生产确实增加了，但这是在耗费巨资于投资和劳动力之后才得到的结果。吊诡的是，集体化确保菜园能够延续，而菜园在美国农业中则消失掉了。从 1935 年起，集体农场的家庭拥有一小块土地来生产自己的食物，而且可以把剩余出售。这些家庭农地平均面积大约 1 英亩*，在肉品、鸡蛋、蔬菜和水果的生产上非常重要，直到今天都是如此。

长荣景时期的农业革命

“绿色革命”一词指的是贫穷国家于 20 世纪 60 年代引进新的作物品种、灌溉方法与肥料。由于农业总是令人联想到贫穷和过去，也由于焦点总是放在新颖的事物上，使得富裕世界更为重要的农业革命遭到忽视。

在长荣景时期，富裕世界农业劳动生产率的改变速度甚至比工业或服务业更快，也超过之前农业的改变速度。[39] 在土地生产力相当高的英国，战后的产量在一个相当高的基准上翻倍。通过灌溉以及施加人工肥料（特别是氮肥，大多是一战前发明的哈伯–博施法所生产），新的密集农耕方式使作物长得又快又大。作物本身也改变了。20 世

* 1 英亩约等于 4047 平方米。——编者注

纪30年代晚期与40年代从美国玉米产区引进新的杂交种玉米，虽然只是新品种作物的例子之一，但这是一种很重要的作物。[40]

亚洲的传统稻米生产系统每公顷大约生产1吨左右的稻米，20世纪初期日本农民则能够在1公顷土地上生产2.5吨的稻米。通过灌溉改良，日本农民在19世纪已经做到了产量翻倍，在两次大战之间同样让台湾与朝鲜这两个当时被日本统治的地区产量倍增。虽然日本乡村经常被视为“封建”与落伍，直到20世纪50年代还在使用人粪当肥料；然而，新的房屋、自来水、洗衣机、电视与电冰箱都很快得到了引进。小型农场拥有充裕的农耕机械，高度机械化加上密集耕作的独特组合带来了稻米的高产。[41] 日本稻米生产力在亚洲持续保持领先。[42] 到20世纪60年代早期，日本1公顷的土地平均能生产5吨稻米，而亚洲的平均产量只有2吨。即使是在绿色革命很久之后，日本仍然领先。在今日的日本，1公顷土地能生产7吨稻米，而孟加拉国只有他的一半。

富裕国家的绿色革命对全球贸易模式造成了巨大影响，颠覆了贫穷农业世界将食物出口到富裕工业世界的典型图景。例如，美国仍旧是主要的小麦出口国，而且出口到贫穷世界的数量越来越大，在20世纪七八十年代则以巨大的规模出口小麦到苏联。美国仍旧是粗棉的主要生产者，过去的主要出口市场是英国，现在则出口到棉纺织工业集中的贫穷国家。中国从美国进口棉花，再将纺织品卖到美国。贫穷世界的农业虽然生产效率较低，但依然能够提供更廉价的农产品；面对冲击，富裕国家土地效率和劳动效率高的农业，凭借政府政策的保护得以继续发展。

富裕世界和贫穷世界的农业劳动生产力原本就有很大差距，二战之后差距进一步扩大。[43] 贫穷国家的绿色革命减缓了它们和富裕世界之间农业差距的扩大，但代价却可能是贫穷世界内部的不平等更加严重。培育出能够接受大量施肥与浇水的矮株小麦品种的关键，是一种矮株的日本小麦品种——农林 10 号；而 IR8 号水稻品种则来自日本在两次世界大战之间在台湾地区培育出来的矮株品种。[44]

长荣景时期富裕社会的畜牧业变得产业化，特别是鸡和猪。鸡是个极端的例子：在 1960 年全世界大约有 40 亿只鸡，而到 20 世纪结束时，则大约有 130 亿只鸡；然而，每年为了食用而屠宰的鸡只，从 60 亿只增加到 450 亿只。鸡的寿命减少很多。[45] 这只是养鸡产业化的其中一面。从 20 世纪 30 年代开始，美国的肉鸡变得越来越大（体重几近翻倍），更年轻（年龄大概只有一半），而且只需要较少的饲料（不到一半）就可以长到所需的体型。[46] 这是通过极大改变鸡的后天饲养及先天遗传来达成的。20 世纪 30 年代人们采取一系列重要的步骤，包括改在室内饲养鸡只；这也使得它们的饲料必须补充维生素 D，以及使用电灯和人工孵育。对鸡饲料的密集研究在 20 世纪 50 年代带来了以玉米和大豆为主的标准饲料。1950 年代也出现适合这种人工饲养方式的混种鸡。其中有许多是“明日之鸡竞赛”的赢家。

猪的生产也产业化了。英国在 20 世纪中期，已经没有人在家中只养哪怕一头猪；然而，20 世纪 60 年代早期小规模饲养的猪——其中产仔母猪不到 20 只——只占了一半；到了 20 世纪 90 年代，95% 的猪是养在拥有 100 头以上产仔母猪的大猪群里。这些猪大部分就像肉鸡一样养在室内，也像鸡一样是成长快速的新品种。[47]20 世纪结束时，已经发展出饲养上百万头猪的养猪场。然而在 20 世纪 60 年代之后，猪只数量增加最多的其实不是产业饲养的猪，而是农家以各种食物喂养的少量猪只。在 20 世纪 60 年代中国拥有全球 1/4 的猪只；今天中国的猪只占全球约 10 亿头猪的一半。这并不令人惊讶，因为猪肉是中国最主要的肉类，而中国人的肉品消费又有显著的增加，其中有超过 80% 仍由非专门饲养者小规模地生产。

工业与大量生产

我们已经讲述了家庭生产、农业生产与小企业生产的故事。然而，20 世纪生产的标准形象是以大量生产为中心。核心观念认为，标准零件的大规模生产主导了 20 世纪的生产，在长荣景时期尤其如此。生产效率由于大量生产而戏剧性地提高，带来前所未有的经济增长率，并且为受雇于庞大工厂与公司的工人阶级带来物质福祉。

大量生产的效果惊人，却难以掌握。[48] 在 20 世纪初期，购买一部车子的钱可以用来盖一栋房子。然而时至今日，在富裕国家购买一部极为复杂的汽车，价格顶多只能帮房子做点小扩建而已。尽管砖头、水泥、门窗及许多房子装修材料的价格也都因为大量生产而降低了。举个生物学上的例子：鸡肉的价格要比牛肉的价格下降快得多。这一观察告诉我们，不应该把现代生产方式等同于大量生产，即便在富裕国家也是如此，因为这些国家也仍在生产牛肉和房子。即便在制造业，大量生产也只占了整体生产的一小部分，在 1969 年美国 75% 的工业生产是批量生产，* 虽然在工程领域大量生产的组件，价格已降低到原来的 1/10 乃至 1/30。[49] 然而生产效率的增加，有相当重要的一部分并非来自汽车工业或是电冰箱制造业那类的大量生产。总体而言，各种生产过程都变得更有效率。

例如使用哈伯–博施法的氨工厂的规模变大了，因此氢气等原料也以更廉价的方式生产，结果带来更大量的便宜氮肥，再加上其他的

---

* 批量生产的产品，其组件分批在不同地点生产，每阶段在不同工厂完成；而大量生产的产品则是在同一条生产在线完成。批量生产的说明可参见维基百科 http://en.wikipedia.org/wiki/Batch_production

图 11　美国海军在第二次世界大战时用木材建造高速摩托动力的鱼雷艇。他们是在工作棚下用预铸的材料建造的。在新的产业中，表面上看来古老的产品与材料，其生产技术也在改变。

原料，使土地生产力出现戏剧性的增加。另一个有力的例子是，发电厂燃料、劳动力与资本的使用效率增加，这里的关键是更大的发电厂在更高的温度下运行。还有一个例子是，船只效能在二战之后爆发性地提高，特别是油轮及类似的船只。航运费用显著降低的关键是船只变大。例如就原油而言，运输成本占原油价格的比重快速降低。在 1950 年到 1970 年之间，随着炼钢厂变得更大，全球的钢铁产量增加到原来的 3 倍。至于其他的部门则是生产效率快速增加，却不需要增加规模，农业就是个好例子。

长荣景时期的汽车

汽车的大量生产是由一家美国公司的某一型号汽车所开创，那就是福特公司的T型汽车。T型汽车在20世纪20年代的巅峰时期年产200万辆，它在1927年停产，总共生产了1500万辆。期间福特是全世界最大的汽车制造商，也轻而易举地让美国成为全世界汽车最普及的国家。别忘了，即使欧洲最富裕的地方，要到20世纪50年代晚期才达到美国20世纪20年代的汽车数量水平。

在第二次世界大战之后，汽车生产的大荣景主要是欧美现象，欧洲的制造厂发展更快，不过它们的起点也较低。*每个国家都视大型汽车厂为推动经济繁荣的引擎。即便像意大利这样的贫穷国家，从1950年到1964年这十五年间，拥有汽车的人也增加了超过10倍——汽车从34万辆增加到470万辆。汽车数量超越了摩托车，后者从70万辆增加到430万辆。[50]在1955年到1970年之间，有270万辆菲亚特500s汽车出产，在1957年到1975年之间有360万辆菲亚特600s汽车出产。[51]起初欧洲汽车厂工人自己还买不起车子，但到了20世纪60年代晚期便买得起了。[52]

东欧的经济体在长荣景时期就像西欧一样快速发展。虽然苏联及其盟国极为强调标准化生产，强调让大众拥有宽裕的生活，但是其消费能力却相当低。即使在20世纪60年代，苏联这个超级强国也只生产全世界1%的私家汽车及12%的商用车辆；相较之下，英国制造全世界10%的轿车和9%的卡车。[53]苏联热衷大量生产，甚至将未检验的货品投入生产，进而受害于“早熟的大量生产”。[54]然而，富裕

* 意指欧洲汽车生产开始发展时，其汽车产量低于同一时期美国，因此要达成高速增长较为容易。

国家的大众消费通常伴随的是公司、风格与类型的增加，快速的改款及不断追求新颖。[55]

大量生产的汽车工业塑造了人们对现代生产的理解。生产步调是由现代工业决定的。欧洲与北美的汽车量产在 20 世纪 70 年代停止快速增长之后，战后的年代就被贴上“福特主义”这类标签。快速扩张的日本汽车生产成为“后福特主义”的典型。然而，正如大量生产或“福特主义”的重要性受到夸大，有关其灭亡的说法也同样夸张。在 20 世纪结束时，福特在欧洲的产能是年产 200 万辆汽车；其中一家工厂每年可以生产 40 万辆福克斯汽车，另一家工厂则每年能够生产 33 万辆蒙迪欧汽车。1996 年大众汽车在全世界生产了超过 80 万辆的高尔夫汽车，此型汽车超越了甲壳虫的生产纪录，而甲壳虫则又是超过 T 型汽车生产纪录的。2000 年全世界最大的汽车生产者仍旧是福特汽车和通用汽车，它们每年约生产 800 万辆汽车，这是两次世界大战之间产量的许多倍。即使在英国，今天所生产的车辆数量也远多于从前，而就全世界而言，产量不只增加，主导生产的也仍是北美、欧洲与日本。

服务业

富裕国家受雇于服务业的人数提高，无疑是过去三十年间主要的经济变迁之一。有些分析师却错乱地将服务业雇用人数的增长等同于“信息社会”的兴起，意味着无重量或者甚至是“去物质化”的经济。这是以一种时髦但相当误导的说法，来形容服务业如今占国内生产总值和就业人口相当大的比例。[56] 造成这种结果的部分原因是归类错误，因为服务业包含很多范围非常广泛的活动，其中有许多绝对不是毫无重量，甚至也不新颖。服务业包括公路、铁路、航运与航空等交通运输，以及电信和邮政、零售业、银行与金融，乃至小型创意产业。此一行业相关事物之庞大，和所谓无重量的说法立即发生矛盾：想想看商店里面的物品具有的空前重量，任何办公室里的大批纸张，更别提不断增加的计算机、传真机与复印机。只要看看富裕世界的家庭，就会发现它们塞满了物品，这就是为何仓储业是个成长的产业，而搬家变得越来越劳师动众。2003 年英国一家保险公司研究指出，在家庭里面有价值超过 32 亿英镑从未被使用过的产品，其中排名在前的是烤三明治机、电动刀、制苏打水机、足疗仪与制冰淇淋机。有 380 万组从来没有用过的芝士火锅套件。[57] 服务业及家庭使用的大量物品当中，有许多是进口的而非国产，这是造成混淆的原因之一。但这是不相干的议题。美国和英国在工业制成品上都有着巨大的贸易逆差，这意味着他们使用的物品比他们生产的物品还多，但这并不意味制造业对这两个国家不再重要。

认为制造不重要而真正重要的是品牌和设计，这是只见树木不见森林的思考方式所造成的观念混淆。这种观念来自观察到富裕国家某些庞大的企业从事零售和掌握品牌，而认为附加价值来自这些活动，而非来自生产。然而，品牌营销以及通过设计来增加价值并非新事，两者和制造携手并进，通常就在同一家大公司中进行，例如胜家、福特或是通用电气。将经济活动的选址等同于经济活动的重要性所在，这是不该犯的错误。品牌、营销与设计集中在富裕国家，而生产集中在贫穷国家，这并不意味着生产不再重要。恰好是因为制造业通过大量生产和使用非常廉价的劳动力，使得产品变得非常便宜，以至于在有钱人眼中似乎不甚重要。制造与大量生产的重点是，后者以极为便宜的方式在全世界生产货品，利用大型的规模经济在全球以前所未有的方式大量生产出非常复杂的廉价产品。廉价的个人计算机、手机及 IKEA，就是很好的例子。大量生产现在是如此普遍，普遍得人们对它视若无睹。

沃尔玛在21世纪初就年度销售量（2005年至2006年是3千亿美元）及员工人数而言，是全世界最大的企业。它雇用了接近200万名工人，这一数量不只比1900年的大公司大得多，也比20世纪60年代最大的制造厂商雇用人数更多。然而它是家零售商，不是制造商。实际上它还间接雇用了数百万人，主要在中国为美国消费者大量生产各式各样的物品。IKEA主要也是设计商与零售商，控制了家具的大量制造，据估计间接雇用了100万名工人。事实上，IKEA提供了本书论点的绝佳例子。首先IKEA显示了我们眼中老旧事物的持续重要性，它提供的不单是家具，而且还显而易见地是由森林所提供的木制家具。就产业而言，IKEA展现的是大量生产的扩张而非撤退，乃至全球化的大量生产让产出变得不可思议地便宜。就服务业而言，IKEA是同样式产品大量零售与大量消费的例子。它的比利书架在1978年推出后，已经生产了2800万套。IKEA是一个通过扁平封装来降低运输费用的例子，也是设计与营销活动集中在一个富裕国家（瑞典）的例子。作为一个国内产业，它是家族企业，它所提供的货品甚至是由免付费的家庭工人运输与组装的。* 这样的产品据说让IKEA的创办人兼老板成了全世界最有钱的人，比微软的比尔·盖茨还有钱——盖茨在沃尔玛的老板沃尔顿去世时，曾短暂成为全球首富。†

在20世纪最后二十五年出现的新事物，是贫穷国家成为富裕国家工业制成品的供应者，而不是供应食物或原料。中国由于共产主义的历史背景，加上曾经针对现代工业采取非常特别的做法，使得情况更为惊人。中国人在20世纪50年代曾经系统性地鼓励古老的小规模

---

* IKEA的产品需要由购买者自行组装，往往也是由消费者自行运回家，消费者取代了工厂组装工人及运输工人的角色。

† 2011年IKEA遭遇的亏损导致其创始人英瓦尔·坎普拉德的财富跳水，自此在富豪榜上再无法企及盖茨。——编者注

科技。20 世纪 60 年代晚期与 70 年代初期的“文化大革命”，曾经攻击管理者和工人之间的分工——此一区分是泰勒主义（Taylorism）与福特主义的核心，而且分工本身也受到“文化大革命”的攻击。[58] 中国在“大跃进”时鼓励小规模的乡村工业。虽然当时中国经济有所成长，却非常不稳定且相对缓慢。中国共产党在 1976 年之后改变了方向，在 20 世纪 80 年代废除人民公社而转为包干到户，使得中国农业的生产力大为提升。同一时期乡村工业以惊人的速率发展，速度是中国整体经济的好几倍。“乡镇企业”是这一发展的关键，过去二十年间中国乡村无疑出现了世界史上最为快速而深远的转变，影响了数以亿计的人。[59]

数以百万计的人离开了乡下，其中有许多是女性，他们住在宿舍，为了低廉的工资在新工业区的工厂中工作。中国的发展依赖境外投资，特别是来自日本、中国台湾地区及海外华侨的投资，包括日本企业在内的跨国企业也很重要。就这些方面而言，中国的工业化和日本很不一样。对市场的调控及境外投资是中国工业化的关键。中国的发展规模、速度乃至对全球经济的影响，都十分惊人，但中国的发展不是新经济的产物，它明显带有似曾相识之感。

中国在 21 世纪初吸收了从原油到铜在内的大量原材料，使得这些材料在全球的价格上涨。中国轻易地成了全世界最大的钢铁生产者，其增长率可以和长荣景时期的钢铁增长率相比拟。由商品价格推动的古老经济，取代了“新经济”。所有这些新产品并不以信息高速公路作为流通的管道，中国生产的大量产品靠船来运输，事实上全球贸易也靠船来运输。在 2000 年全球商船登记的总吨位（这是船只载运能力的指标）是 5.53 亿吨，1970 年是 2.27 亿吨，1950 年是 8500 万吨，而 1914 年是 4500 万吨。这样的规模表明，船只承载了史无前例的大量物资，而且船运是如此便宜，使工业制成品的价格几乎不受运费的影响。航运业雇用了约 100 万名水手，其中大部分的管理人员来自富裕国家，而大部分的基层水手则来自贫穷国家，主要来自亚洲。

大部分的船运仍旧运送燃料、矿石和谷物这类散装货物，但是工业制成品也很重要，后者主要用集装箱这个20世纪50年代的伟大发明来运输。自20世纪50年代起，全球集装箱运输不断增加，已经主导了散装货物之外的所有海运。在21世纪初，一艘最大型的集装箱船登记吨位数是9万吨，可以载运8000个集装箱，却只需要19名船员。这些船只大多数是在东方制造。沃尔玛是美国最大的集装箱进口者，每年进口约50万个集装箱，其中大多来自中国。

长荣景时期及近年东方的繁荣，尤其是中国的繁荣，大体而言不是相继发生的科技革命的范例，相反，在许多方面这是同一场工业革命与科技革命先后发生的转折。当然这和过去的工业革命并不完全相同，但其相似性相当惊人：农业生产力的大幅提高，工业的扩张（尤其是钢铁生产这种典型的旧产业）及海运国际贸易的扩张。就长荣景时期及东方繁荣这两个例子而言，这些成长的国家极度稳定的政治掩盖了其革命性质。政治、国家和边界都至关紧要。

第四章

保养

20 世纪初，许多伟大的反乌托邦小说所预见的未来社会是：技术比现在进步，但却停滞不前。那是没有创新的科技社会。因此扎米亚京（Zamyatin）的《我们》（*We*）、赫胥黎的《美丽新世界》以及奥威尔的《1984》都既不革命也不进步，即便在科技上也是如此。这是有秩序无变迁的社会，只能持续如此运作下去，威胁它们的是好奇的不法之徒。特里·吉列姆 20 世纪 80 年代的反乌托邦电影《妙想天开》（*Brazil*），捕捉到这类文学的两面。吉列姆的创意在于，观众看到的不再是未来式的科技，而明显是将 20 世纪 40 年代的科技类推到现在。片中使用这些科技的社会，奉行的也是 20 世纪 40 年代的价值观。片中许多情节都涉及保养，不只是维护社会的秩序，也维护技术的秩序。* 来自中央办公室的维修人员看来像是国家邪恶的密探，而保养人体的整形外科手术也是反复出现的主题。罗伯特·德尼罗则饰演一位非法维修人员，他不只维修这个系统，而且不受系统节制。

20 世纪最历久不衰的科技观念是，人造物（the artificial）基本上已经取代了人类。复杂的人工世界让现代生活得以可能，崩溃的恶梦

* 指影片中的维修人员使得该社会中各种科技设备得以顺利运作，不至于失序。

让人们对维持系统持续运作所需的纪律、秩序与稳定性深为关切。有位科技哲学家在20世纪70年代注意到："几乎没有任何人工的理性系统在建置完成后就能自行运作。它们需要持续的关注、重建与维修。人造复杂性的代价是恒久的警醒。"[1]他也提出，科技时代该问的问题不是谁在统治我们，而是什么在统治我们："大型系统要能够持续运作与改善，需要什么？如何理性地达成它们的需求？这成了政府的要务。"[2]

二战之后，这种思维所唤起最为强烈的意象之一，是把现代的情境比拟为古代对水源控制的依赖。古埃及、美索不达米亚和中国都依赖复杂的灌溉系统，并对其保养与维修保持警觉。这种说法宣称，这样的状况需要巨型且强大的国家：这些古代的"水利社会"必然不民主，其所带来的亚洲的（Asiatic）专制传统，大不同于带来封建主义及资本主义的传统。[3]然而，同样的模拟也适用于资本主义的西方。美国著名的科技研究学者刘易斯·芒福德在20世纪60年代写道：相对于"民主的技术"，历史上还有上古的"金字塔时代"，其特色是"威权的技术"。可是在二战之后的那些年，特别是在美国，芒福德看到一种新威权技术的出现，这是一种"西方专制主义"（occidental despotism）。芒福德严厉批评这个由蛮横力量与系统科技所控制的世界。[4]

对许多20世纪的分析者而言，科技的性质本身要为这种新威权主义负责。这样的论点认为，科技变得越来越大型、相互联结与中央控制，也益发为人类生活所不可或缺。例子之一是电力供应：这是一个相互链接、组织规模庞大而且人人都依赖的系统。结果故障所带来的危险变得越来越大，因为故障可能导致全面停摆。因此不只需要更大的警觉和更多的保养，也必须对社会本身更严加规训以避免停摆。此种观点认为，拥有核电站的社会必然是受到高度管控（heavily policed）的社会。

◎◎◎

许多关于科技的论述其实是对科技哲学的评论，或是对其他讨论科技的作品之评论。这样的危险之处是把对科技的描述当成是现实，并以此来解释现代社会的性质。关于现代科技和规训与秩序的关系，保养的历史提供了重要洞见；这一历史也会迫使我们重新思考经济学的某些标准范畴，并重新考虑劳动与生产的历史中一些重要的层面，尤其是工程师群体。

就像土地、建筑和人一样，通常东西在使用很长一段时间之后，都必须得到保养、维修与照顾。虽然保养和维修在人与物的关系里面很重要，但我们却宁可不这么想。保养和维修既日常又烦人，充满了不确定性，是东西的恼人之处。它被摆在边缘，通常交给边缘的团体来处理。保养工程的地位是如此之低，以至于有人曾想把它重新命名为维修科技（terotechnology），但是不太成功。[5]“维修科技”一词似乎是英国政府某委员会在20世纪60年代提出的名词，它衍生自希腊文“teros”，这个字的意思是观看、观察、守卫，因此是个非常贴切的字眼。

科技史的思考与写作忽略了“保养”这件事，这个例子凸显出我们对于东西的日常理解和史册所彰显的刻板理解之间，有着巨大的鸿沟；因为维修在通俗文化中相当驰名。“祖传之斧”这类故事有许多种耳熟能详的版本。[*]我们也常听到飞机在寿命期限内的保养费用，经常超过其售价。尽管大家称颂今日的计算机与软件极为便宜和“无

* 这类故事常提到家中有把祖传之斧，虽木柄已经换过好几次，金属斧头也更新过。换句话说，透过维修，这柄祖传之斧其实已经等于是新的了。不同版本的类似故事，主角有时不是斧头而是刀子。感谢本书作者向译者说明这个故事（2015年8月28日电邮通信）。

重量”，但众所周知，我们仍不得不为技术支持和保养付出一大笔钱。有人曾经评估，购买一台个人计算机所花的钱，只不过是计算机寿命期限内整体开销的 10% 而已，这些开销包括安装、维修、升级与训练。全世界微软认证的软件工程师和管理人员超过 150 万名。美国政府有项评估指出，较为复杂的军事设备，寿命期限内的维修费用占其整体费用 60%。保养和维修经常导致改变；在某些案例中，它们和改装有密切关系。

保养与维修有多重要？

只有在缺乏保养时才会注意到保养的问题。例如，联合国在 20

图12　即使是废墟也需要保养。2005年在西西里阿格里真托(Agrigento)的古希腊神殿。请注意这里使用了波纹铁皮。

世纪 60 年代晚期开始关切贫穷世界的保养不良，指出这对资本匮乏的国家特别有害，因为缺乏保养使得拖拉机或工业机械等昂贵资产的寿命缩短，这也意味着它们的使用率不足。[6]这一具有关键重要性的事经常是隐形的。发展规划经常忽略“常规、重复甚至琐碎的保养工作”，而导致不可避免的后果。[7]例子之一是 20 世纪 60 年代引进到印度的手摇水泵，由于没有提供保养很快就失修了。苏联农业史的研究指出，有许多拖拉机及其他农业机械因为保养不良而导致损失惨重的例子，也指出这个问题随着 1958 年废除了机械与拖拉机站而更加恶化。发展专家最近注意到贫穷国家由于道路缺乏保养所导致的资源浪费，必须花费比保养这些道路更多的钱来重建这些道路。

保养活在一个幽暗的世界，在关于社会的正式叙述中很难见到它们。例如，经济与生产的统计数字是看不到它的。标准的经济意象中有投资，也有资本货物的使用，但除了片面而偶然的例子之外，并没有保养或维修。部分是由于技术性的原因，国家账目并没有独立标出保养和维修的项目，因为它们通常是在部门内部进行，因此不会以独立的成本出现；零件等等经常埋没在其他货物采购的项目之中。不过加拿大有保养的统计数字，因为多年来有关投资的问卷也会问到保养与维修的花费。在 1961 年到 1993 年之间，保养的花费大约占了国内生产总值的 6%，比花在发明与创新的费用高得多，但是比投资的花费低得多；后者在富裕国家大约占了 10% 到 30% 的国内生产总值。然而就加拿大的例子，相对于建筑物，设备的保养费用相当于投资花费的 50%。[8]除此之外，我们很少看到其他的估计。1934 年美国制造业与矿业一条孤立的数据显示，保养和维修的花费与新的厂房与设备的投资差不多。[9]从 20 世纪 20 年代到 50 年代晚期，瑞士道路改善与保养的支出高于建造新道路的支出。[10]在 20 世纪 50 年代早期，澳大利亚乡村以外地区的投资开销有 60% 是用于保养与维修。在新南威尔士乡村部门的投资（包括住宅）当中，有 34% 是花在维修与保养上。[11] 英国 20 世纪 60 年代晚期的保养支出大约是 30 亿英镑，略少于国内生产总值的 10%，而当时的投资则占了 20%。[12] 美国 20 世纪 80 年代晚期建筑物翻修的支出，大约是用于兴建新建筑物的 1.5 倍，占了国内生产总值的 5%。[13] 这些只是保养的直接费用估计而已。还有进一步的费用，因为每一个电厂、机车、飞机与机械工具都得保养，这些是维持产出的必要开销。减少保养的费用和时间，不只对直接成本有剧烈的影响，对资本成本与投资成本亦是如此。

保养

东西的发明集中在少数地方；东西的制造分布较为广泛；而通常东西的使用分布则更加广泛（在某些例子中，制作要比使用更为广泛，例如一艘船或一栋建筑物是由许多不同地方制造的材料所组成的）。保养的分布几乎和使用的分布同样广泛，于是保养和维修是分布最为广泛的专业技术能力。保养和维修是属于小商人与技术工人的领域。他们不同于大型技术体系，处于后者边缘但又与其相互依赖。汽车是个好例子，只在世界少数的地方大规模生产，却在无数的修理车间中保养与维修。不只如此，许多保养与维修的活动是发生于正式经济之外，这点道出了这类分布广泛的技艺的重要性。例如，修补衣服的家庭缝纫曾几乎是所有女性都具有的技艺，而在世界上许多地方也仍是如此。

遗憾的是，我们没办法提出保养与维修的历史大趋势的概览。维修占产出的比例是升高还是下降呢？这点通常必须衡量最初的价格与维修的支出。那么生产者与消费者选择哪个方向？这点如何随着时间而改变？在某些领域维修似乎减少了，例如航空与火车，船似乎也是如此。就家庭用具和信息硬件而言，维修这件事在富裕国家已经不存在了（从烤面包机到冰箱，几乎没有人在做维修了），零售商／维修商的网络早就消失。这点并不令人惊讶，因为一台烤面包机的零售价格要比一小时的维修工资来得低。或许更令人赞叹的是，大多数的家庭用品在整个运转寿命期限内，都不需要添加润滑油或做任何的调整。[14]

此外，维修本身变得高度集中与受到控制。就以汽车为例，车子复杂的电子仪器意味着只有获得授权而拥有适当设备的修理车间，才能找出汽车的毛病出在哪里。在如今全球的贫穷区域，东西最初的成本和保养维修的成本之间的关系似乎有所不同，在某些方面它让人想到 20 世纪初期富裕国家的一些地方。相较于最初购买的成本，如果保养与维修的成本是便宜的，那么东西就会有较长的寿命。此外，东西折旧之后就会从需要低度保养转为需要高度保养，因此包括消费品与资本货物在内的二手商品，从它们已经不值得保留的富裕国家，转移到维修活动密集的贫穷国家。将旧汽车、旧家用设备、发电厂与旧衣服从富裕世界出口到贫穷世界的贸易十分庞大；然而，贫穷国家日后可能将没办法保养富裕国家的产品——现代汽车就是个例子。

汽车的大量生产与保养的艺术

关于保养的重要，以及保养的重要性如何随着时间和背景而改变，早期的汽车工业提供了代表性的例子。汽车出现初期电动车很受欢迎，但电池保养所需要的技术与经验，大不同于保养汽油发动机所需要的纯机械性技术。电动车需要特殊设备来帮电池充电与保养，汽油车则可以靠使用者以及现有的车间来进行保养。早期汽油车的吸引力在于，它适合自己动手的 DIY 保养文化，能在没有保养厂的地区使用。而电动车没有这样的条件，这是造成电动车没落的原因，只有集中管理的车队才会继续大量使用电动车。[15]

福特从 1908 年到 20 世纪 20 年代晚期生产的 T 型汽车，其产量超过同时代其他车型，也提供了几个鲜明的例子来证明保养的重要性。这型汽车的重要特征在于它由几个可以拆解替换的部分所组成。这使得 T 型汽车可以不依赖装配工就能加以组合，而这对保养也有影响。亨利 · 福特本人就指出，T 型汽车有着便于保养的设计，维修或零件替换都不需要特殊的技术：

> 由于这个想法很新所以当时我说得很少，但那时我认为这车的零件应该非常简单而便宜，能够免于昂贵的人工维修的威胁。它的零件应该要便宜到买新零件比维修旧零件更便宜。你可以在五金行买到这些零件，就像你可以在那儿买到钉子和螺丝一样。[16]

美国作家 E. B. 怀特在 20 世纪 30 年代出版了一篇 T 型汽车的挽歌，点出了 T 型汽车的工厂制造形象所未能呈现的某些事物。这篇文章充满关于巫医、迷信与马匹的指涉，指向了 T 型汽车使用与保养的世界，这是个和工厂相当不一样的世界。根据怀特的说法：“一部福特汽车出生时就像婴儿一样一丝不挂，透过更正身上少数的不足之处，并与缠身的疾病搏斗，而成长为繁荣的产业。”[17] 福特公司非常关注保养与维修，研究维修的步骤并加以标准化，将之整合到一本浩繁的手册于 1925 年出版。他们也制定汽车经销商的标准价格，强迫经销商购买标准维修设备，并且鼓励修理车间分工。然而这套计划并没有成功——因为无法应付汽车维修生意各种变化与不确定性。就算是 T 型汽车，保养和维修的福特化也没有成功。[18] 正如 20 世纪 20 年代一位负责船只建造与保养的英国海军军官所说："维修工作和大量生产无关。"[19]

只要有汽车的地方就会有汽车维修，但在某些地方某些背景下它变得特别重要而有趣。加纳这个西非国家 20 世纪 70 年代早期有大量的汽车维修人员，被称为"装配工"。他们集中在有时称作"仓库"（magazine）的某些特定区域，在棚子里或露天工作。其中最大的是苏阿门仓库（Suame Magazine），1971 年有接近 6000 人在里面工作，其中大部分人直接从事汽车维修，还有些人则贩卖零件或是为仓库提供食物等等。该仓库迅速发展，在 20 世纪 80 年代中期工作人员增加到 4 万人左右，而且成为制造各种东西的中心。这个巨大的复合厂房所使用的工具很原始——铁锤、不完整的扳手组、锉刀与螺丝刀。可调整的扳手耐不了多久；铁砧则是临时凑合出来的。[20] 厂房中的机床数量则是个位数。[21] 仓库常用的最精密设备是生产活动不可或缺的焊接设备。

汽车产业的特征是精密工程、可替换的零件与精细复杂的维修手册，这样的产品如何在上述那样的地方保养与维修呢？答案是：在某种意义上的确不能——仓库没办法维修这样的汽车、卡车和公共汽车，所以他们保持这些车辆当初被制造时的情况。新车与支持设施之间无法配合。进口的新车因为出了意外、润滑油缺货以及（更重要的是）缺乏保养而损耗。接着出现相当令人惊讶的事情，我们引用一位内行学者的说法："随着时间的过去，当地的维修系统修改了这些汽车，达成表面上的均衡状态，汽车似乎能够无限地维持现状……这种保养状况是通过不断维修达到的。"[22] 公共汽车和卡车为当地提供极度廉价的运输，但几乎天天都得维修。原因是这些交通工具几乎永远都处在一种均衡的状态。没有人会想要汰换这样的车辆，因为他们的过着不断地与修车厂互动的日子。[23] 投资和折旧的经济学完全不适用——

保养与维修构成了所有的成本。

加纳的汽车维修员发展出一套关于汽车与发动机的细腻知识，懂得如何使用当地材料让汽车继续运作。在这样的过程中他们也改变了车辆。他们拥有的汽车知识，比任何富裕国家的使用者甚至是维修人员都更为精深。有两位人类学家为加纳一辆标致504汽车写了一本“传记”，这部车在20世纪90年代被一位名叫夸库（Kwaku）的司机用来当作长途出租车。夸库买这辆车时就已经设想好保养与维修的问题，因为他还买了另一辆标致504的车体，稍后又买了第二个发动机当作零件的来源。夸库的车子在寿命期限内反复故障，经历了大修、重装线路，也换了新的化油器来减少油耗。替换的垫圈是用旧轮胎做成的，用铜缆线来取代保险丝，还用铁钉来当车门锁。这辆车跑了好多年。正如它的传记作者所说：“汽车在加纳（以及在许多非洲国家）普遍地‘热带化’，这不只有赖对发动机运作方式的完整知识，还有赖一种特殊的知识，使得人们能够让老旧车辆在有限物资下持续运作。”[24] 表面看来，对维修手册规则如此满不在乎会既危险又代价惨重；实际上，这是人们如何理解一个极为技术性的人造物的卓著范例。这是科技克里奥尔化的特殊形式。

保养与大规模工业

富裕世界越来越自动化的汽车制造厂，需要大得惊人的保养工作来维持制造厂的运作。事实上，保养的需要严重地限制了自动化的发展。一个特别好的例子是20世纪50年代对于自动生产线的使用。在古典的大量生产中，各部分零件通过手动或传输带在机器之间传输。人们一度想开发出能够将半成品从一部机器转移到另一部机器的机器，让下一部机器进行下一步的工作，然后再传输到下一部机器；这些尝试获得了部分的成功。这不是组装线，因为它不涉及组装，也不是机器把工作带给工人，而是带给其他的机器。这些机器被称为自动生产线，这是20世纪50年代汽车工业“自动化”的核心。这带来对自动化的恐慌——当时人们想到无人工厂会取而代之，导致工作消失。

20世纪20年代的汽车发动机工业曾经实验过自动生产线，在第二次世界大战期间自动生产线又重新出现在美国的飞机发动机工业。在战争期间制造莱特飓风（Wright-Cyclone）飞机发动机的机器，让自动生产线为之一振，它让制造汽缸盖所需的直接人工（direct labour）从59人分（man-minute）降低到8人分。* 战后在美国汽车发动机工厂又兴起自动生产线的设置。其中特别醒目的是福特公司在克利夫兰† 建立年产量150万台发动机的工厂。某些评论者认为，这座工厂本身就是个巨大的自动生产线，因为它的自动生产线本身，就是由自动化操作设备连接起来的。

然而，人称“底特律式自动化”的大规模自动生产线运用，要求整个系统需要快速而有效的保养，而且每部机器上的器械都必须很容易替换。因为这个由自动生产线所连接起来的整套复杂机器，只要有任何部分停止运作的话，整部机器就得停下来。“停机时间”仍旧是个重大问题，即使有计划的保养也无法解决它。这些自动生产线不只需要大量的保养，而且对整座工厂及保养人员都要有一套严格的监控方式。福特的克利夫兰发动机工厂设立了一支“警察部队”来进行清洁和保养；这整个过程需要精密而广泛的纪录。要让自动生产线能够运作，必须大量增加保养的人工，而导致自动生产线所能

---

* “人分”是工作量的计量单位，指的是一名工人在一分钟所执行的工作量。

† 位于美国伊利湖南岸的一座港口城市，一度是美国的制造业中心。大型工业衰退后，成为金融、保险和医疗中心。——编者注

节省的直接人工所剩无几。有时候新增保养人工的代价，会高过省下来的直接人工。在相当大的程度上，自动生产线并没有消除掉人工，而是将人工从生产转移到保养；从操作机器的单调工作，转移到需要技能的多样化的维修工作。维修造成这么大的问题，以致这套机器被拆解开来，以便恢复前自动生产线时代的某些弹性。无论如何，对此种机器所怀抱的希望，因为发动机规格的马力竞赛而破灭了。由于要制造不断增大的发动机，生产线的弹性必须比原先设想还高。[25]

在工业史中可以瞥见保养和维修的重要性。保养成本构成铁路营运成本和资本成本的重要部分，是原先列车购置成本的 4 倍左右。[26] 就如同汽车一般，铁路新型机车的生产，导致维修和保养不太容易事先理性规划，因为“铁路工作的维修活动，要比新车辆的生产来得更为复杂。”[27] 需要处理许多类型的机车，而且不知道每一种需要多少工作量。在两次世界大战之间，机车类型的标准化以及维修工作的理性规划，已经大量减少了维修的时间。伦敦、米德兰和苏格兰铁路公司在克鲁郡（Crewe）的工厂建立的维修线，根据维修工作的多少而以不同的速度运作。然而，随着机车的复杂程度增加，保养与维修所需要的时间也跟着增加。20 世纪 60 年代维修新式柴油机车的时间，是维修其所取代之蒸汽机车的 2 倍，[28] 不过新式柴油机车比较不需要维修和保养，它们之所以受到欢迎是因为可以减少维修费用。然而，铁路的保养仍旧非常重要，虽然这不是一个光彩夺目的工作。英国铁路在 20 世纪 90 年代私有化之后，既有的维修模式被打乱，导致没有遵循必要的维修步骤而引起严重的意外。

航空

虽然飞机常让人联想到自由，然而，其运作的特色却是对纪律、惯例与保养的极度重视。因此（对乘客而言），机场是个高度组织有序的环境，这和火车站很不一样。飞机如果失灵的话会从天上掉下来，而汽车、船只或机车故障并不会有如此凶险的后果。因此航空公司和空军都把相当高比例的资源用在保养上。这个产业在其他各方面都由男性主导（不只是因为它和军事的关系），但飞行安全形象的推广对它很重要，这点有相当重要的影响。在两次世界大战之间，报纸喜欢报道女飞行员；从事各种长途飞行的女飞行员变成民族英雄，并且受到航空产业的支持，因为她们证明飞行是安全的。刚开始大多数国家是由“空中少爷”来服务飞行的乘客，然而，美国从 20 世纪 30 年代早期就开始雇用空姐，这一做法在战后成为主流模式。

保养是很昂贵的。例如从 20 世纪 30 年代到 60 年代，美国的航空公司地勤技工和飞行机组成员（包括空姐）的比例是 1:2。[29] 在 20 世纪 60 年代早期，保养占整条航线运作成本的 20%，飞行人员与燃料则占 27%，设备折旧占 10%，而其他的地面费用占 43%。保养占了飞行成本的 35%。[30] 20 世纪 20 年代晚期的福特三发动机（Ford Trimotor），保养占了飞行成本的 25%，这个总成本还包括设备折旧；在 20 世纪 60 年代它占了 DC-8 喷气式飞机 20% 的成本，在 1961 年保养占了使用活塞发动机的 DC-6 飞机 30% 的成本。[31]

20 世纪 20 年代，航空在经济上的一大进展是发动机的保养需求降低。在 1920 年到 1936 年之间，发动机保养的费用降低了约 80%，带来发动机运作成本最重大的樽节。[32] 发动机可以运作多久才需要大修，是保养费用的好指标；这称之为“大修间隔”（TBO）。20 世纪 20 年代航空公司的发动机大约每飞行 50 小时就得大修一次，20 年代晚期的发动机这个数字则达到 150 小时，而 20 世纪 30 年代的发动机 TBO 则是 500 小时。这些是新推出发动机的数字；一旦发动机被使用两三年之后，随着人们熟悉它们，每次保修的时间间隔也跟着拉长，通常是 2 倍或 3 倍。1929 年引进日后受到广泛使用的布里斯托尔*朱庇特发动机（Jupiter），刚开始的建议是每使用 150 小时就必须大修一次；然而到 1932 年，做法是使用 500 小时才大修一次。DC-3 所使用的普拉特·惠特尼†双黄蜂发动机（Twin Wasp）是在 1936 年推出；到了 20 世纪 50 年代晚期，则是每使用 1500 小时大修一次。在二战期间以及二战之后引进的大型活塞发动机 TBO，一开始是 600~800 小时，到了 20 世纪 50 年代晚期则建议使用 1000 小时之后再大修一次；普拉特·惠特尼双黄蜂发动机则达到 3000 小时。航空公司最好的大型发动机，可以使用 2000~2500 小时才大修一次。

早期的喷气式发动机，即使表面看来比后来巨型活塞发动机的构造来得简单得多，一开始却需要更多的保养。美国重要的军事飞机发动机通用电气 J-47，在 20 世纪 50 年代早期推出时，每使用 50 小时就要大修一次，虽然到了 50 年代晚期改善到 650 小时。20 世纪 50 年代晚期与 60 年代初期，当民航开始常规使用早期的喷气式发动机时，其所设定的大修间隔和活塞发动机的标准相同（2000~2500 小时）；然而，信心随着时间增长，使得大修间隔延长到 8000 小时。[33] 通过密集的努力，喷气式发动机成为一种非常可靠的机器，今天的大修间隔可以高达 5 万小时。[34]

---

* 此处的“布里斯托尔”指的是英国的布里斯托尔飞机公司（Bristol Aeroplane Company），该公司的航空发动机业务部门后来与阿姆斯特朗·西德利（Armstrong Siddeley）合并，成为布里斯托尔，西德利发动机有限公司（Bristol Siddeley Engines Ltd）。——编者注

† 此处的“普拉特·惠特尼”指的是世界三大航空发动机制造商之一，普拉特和惠特尼（Pratt & Whitney），简称普惠。——编者注

图 13　共和 F-84 战斗机（又称“雷电喷气”）的 0.5 英寸炮，于 1952 年在韩国由其维修团队进行测试。空军所拥有的维修人员，通常比飞行员的人数多得多。

发动机保养费用戏剧性地降低，有一些很有趣的理由。首先，这是因为发动机设计的改善，使得它们本身变得更可靠。例如，减少活动部位的数量以及使用更耐磨的材料。不过发动机保养费用会随着特定形式发动机服役时间的长度，而出现戏剧性下降。通常一开始保养费用会稍微上升（因为出现没有预期到的问题），接下来十年原本的保养费用则减少约 30%。原因是对于发动机本身的信心增加，以及关于哪些地方会需要保养的知识也增加了。换言之，保养的方案、计划及费用没办法预先规划好。这些复杂的系统需要一个庞大的记录、控制与监督的基础设施；然而，非正式的、默会的知识仍旧非常重要，人和组织“从使用中学习”或“从做中学”。

最先注意到从做中学的不是飞机保养，而是早在 20 世纪 30 年代的飞机制造。其所达成的效果是：一项产品制造的数量越多，其制造成本就越低。“学习曲线降低”这个说法就来自这里。这样的结果并非来自一般所谓的规模经济、经常性开销的分散或生产方式机械化，而是既有的生产系统以及既有的管理技术与工人技术发生了前述变化。其效果是相当重要的：如果产出倍增，那么每架飞机的成本会降低 20% 左右。因此一个特定类型的飞机，第一百架的制造成本比第五十架的制造成本便宜 20%。此一效果大到让产量大的飞机具有显著的成本优势。例如 20 世纪 60 年代早期，在美国所生产的第一百架飞机，要比在英国所生产的第一百架飞机贵 5%~15%。但是由于美国同一类型飞机的生产数量比英国来得更高，因此美国能够降低学习坡度，以至于美国生产飞机的成本要比英国低 10%~20%。上述计算还没有列入这个现象带给美国进一步的好处，因为同型飞机生产周期维持得更长，意味着研发成本由更多架飞机来分摊。[35]

之所以发生这样的效果，是因为管理人员和工人通常是以非正式的方式*来学习如何更简单地制造与保养飞机。极度依赖机械的可靠运作带来了可观的费用，这种依赖也带来似乎超过人类正式理解能力的复杂性。但是人必须也能够学会如何因应复杂性，从而降低保养的成本。飞机的复杂性导致人们一开始无法知道制造或保养某个特定类型飞机的最佳方法；这是需要学习的。人们制造或保养的这些东西，其设计的复杂性远非他们能以正式方式来理解。但是他们从经验中学到的建造或保养方法，远比原先的规划来得更有效率。

* 非正式方式学习 / 理解（informal learning/understanding）与正式方式学习 / 理解（formal learning/understanding）相对，指的是结合日常经验的、参与式的、没有主观意图或规划的学习或理解，像孩子通过游戏不知不觉获得知识的过程，及此处维修工人通过维修获得的对机械设备的理解，就属于非正式学习 / 理解。正式方式学习 / 理解则是通过参与专业的教育培训机构中，教师传授、学生学习 / 理解。——编者注

战舰与轰炸机

帆船需要密集的保养。船员不只要开船还要维护船只。船员当中有船帆的制造者和木匠，他们不断地进行修补工作，即使是最好的船体，也需要不断地把渗漏进来的水从船舱里打出去。蒸汽钢船则比较不需要那么密集的保养，至少在航行时是这样，但即使在今天，船只在海上仍得进行保养和维修。随着船龄的增加，船只就需要更多的船员来应付越来越多的保养负担。战舰与轰炸机也需要非常密集的保养。

可以把和平时期的部队想成保养与训练的组织，这会很有启发。在第二次世界大战之后，某些极为复杂的系统需要庞大惊人的保养——某些飞机被昵称为“难搞的女人”（hangar queen）。然而，密集保养不是新鲜事。20 世纪初庞大的英国皇家海军拥有覆盖全球的船坞系统，以便能在马耳他、直布罗陀，以及稍后的新加坡对船只进行保养和维修。即使在和平时期，这些船坞也雇用了数千名工人，舰队在任何时间都有相当数量的船只停留在船坞中。在 20 世纪 20 年代中期之前的做法是，战舰每年有两个月要在皇家船坞中进行整修。20 年代晚期的做法改为有两年半的时间是由船员在海上保养船只；之后则进船坞，由船员在船坞的协助下进行两个月的整修。“自行保养”与“自行整修”的规划需要更多拥有技能的水手，而“数千名船坞人员则遭到解雇”。[36] 在这个新的规划下，每年的 11 月与 12 月船只在马耳他进行“自行整修”，这时“主发动机、辅助发动机、起锚机、舵机、锅炉、炮台、发电机等”都要拆下来维修，如果可能的话，这些工作都是由该艘船本身的技术人员来完成；在此同时，船只本身则进行“打光和油漆”。[37] 长期而言，巡洋舰每 7 年、战舰每 10 年都要进行 1 年左右的大修，锅炉管线和电线都更新（同时也做其他必要的更换），而一艘巡洋舰的预估寿命是 20 年，战舰的预估寿命是 27 年。[38]

船只不见得是个稳定的实体，船只在寿命期限内经常大改装，有时不止一次。就寿命长、长期保养且经常被改装的机器而言，现代战舰提供了有趣的历史。“无畏级战舰”是最早的现代战舰，它在1905年于皇家造船厂下海。到了1914年，造船厂已经生产或正在建造数量相当惊人的战舰：英国20艘、德国15艘、美国10艘、俄国4艘、法国4艘，意大利、奥匈帝国与西班牙各有3艘，日本与土耳其各2艘（但后来没有交货），智利2艘（其中只有1艘在战后交货），阿根廷与巴西各2艘。战争期间与战争结束后仍旧持续建造战舰，但是在1922年到1936年之间，对于新战舰的建造有所管制（只有少数例外），这是多国海军限武过程的一部分。结果是三大海权国家在第二次世界大战所使用的大多数战舰，是在1911年到1921年之间建造的，因此到了1945年，全世界几乎一半以上战舰的船龄超过了30年。

南美国家有着战舰使用寿命非常长的传统。阿根廷两艘在一次世界大战前由美国建造的无畏级战舰，在20世纪50年代还在使用；巴西海军拥有的、由英国建造的两艘战舰“米纳斯吉拉斯”（图14）与“圣保罗”，以及智利拥有的由英国建造的无畏级战舰“拉托雷海军上将”也是如此。或许最惊人的例子是土耳其战舰“亚乌兹”，德国在1914年将这艘船赠送给奥斯曼帝国，之后一直在土耳其海军服役，直到1971年才拆除。

然而，这些寿命很长的战舰几乎没有任何一艘维持原状，它们不只接受保养和维修，还有整修与重建。日本海军将他们在两次世界大战之间的所有战舰都加以重建，以特别戏剧化的方式改变其外形和发动机功率。就英国而言，最好的例子之一是5艘伊丽莎白女王级战舰，它们是在1913年10月（伊丽莎白女王号本身）到1915年3月之间下水的。5艘当中只有巴勒姆号被德国潜水艇击沉，其他都在两次的世界大战中生存下来，在20世纪40年代晚期被拆掉。伊丽莎白女王

图 14　巴西的无畏级战舰米纳斯吉拉斯号，在里约热内卢的阿方索培那（*Affonso Penna*）浮动船坞，正准备进行保养与维修。就如同所有的军舰，战舰也需要非常规律的保养。巴西买的不只是战舰，同时也得向英国购买浮动船坞。米纳斯吉拉斯号在 20 世纪 30 年代重建，在 50 年代除役。

级战舰在 1918 年的外观清晰可辨，但到了 1939 年它们已经变成完全不一样的船只了。在 1924 年到 1934 年之间，它们进行相当可观的重新组装，包括把所有的线槽整合成一个，在两侧加装反鱼雷的护体，同时也改装其小型武器。接下来除了巴勒姆号与马来亚号之外，其他伊丽莎白女王级战舰在 20 世纪 30 年代都被“重建”，意味着它们被装上新的发动机，炮台与火炮也同时做了重大改变，而且大部分的上层结构都进行重建。相较于巴勒姆号，第二次世界大战重建过的伊丽莎白女王级战舰拥有决定性的战斗优势。重建的花费大概是建造新战舰的一半左右；然而，花费的时间比原先预期还长：相较于建造新船，重建所需要的时间比较难以预料。

大多数的战舰在第二次世界大战结束后就被拆除，但是美国封存了 4 艘 20 世纪 30 年代晚期设计的爱荷华级战舰，封存意味着它们是在持续保养的状态下保存着。它们在 20 世纪 60 年代与 80 年代重新服役，然后在 90 年代初又重新服役一次。美国的新泽西号战舰在越战期间短暂服役，对越南发射了 3000 发 16 英寸炮的炮弹。里根总统在 20 世纪 80 年代命令 4 艘战舰重新服役，改装成为发射巡航导弹的平台。威斯康星号在 1991 年的第一次海湾战争发射了 300 吨的 16 英寸炮弹。19 世纪初之后，就没有这么老的船只参与战斗。

1982 年的福克兰战争*，被博尔赫斯不朽地形容为“两个秃子抢一只梳子”，显然使用了某些已经老得秃头的设备。阿根廷在 1951 年取得 2 艘布鲁克林级巡洋舰，这是美国海军在 1939 年开始使用的船只。其中一艘原本是美国的凤凰号，名字被改为“十月十七日”，这是阿根廷总统庇隆将军崛起的关键日子。这艘船后来还参与了 1955 年推翻庇隆的政变，并且被改名为“贝尔格拉诺”。1982 年在它离开马尔维纳斯群岛时，被一艘英国潜水艇用 21 英寸 MK-8 鱼雷所击沉；这型鱼雷在英国皇家海军服役的时光，比贝尔格拉诺号还要古老。贝尔格拉诺号和击沉它的鱼雷不是这场战争中唯一的老兵。英国用 20 世纪 50 年代建造的火神号战略轰炸机，轰炸福克兰的机场；帮火神号在空中加油的胜利者，是从另一型 20 世纪 50 年代的轰炸机改装而来的。[39] 阿根廷唯一的航空母舰“五月二十五日”，原本是英国海军的可敬号航空母舰，这是英国在 1945 年建造的巨人级航空母舰，在 1948 年卖给荷兰，然后荷兰在 1969 年把它卖给阿根廷。虽然之前曾

---

* 英国和阿根廷为争夺英方称之为福克兰群岛（西班牙语称为马尔维纳斯群岛）的主权而爆发的一场局部战争，又称马尔维纳斯群岛战争。——编者注

有企图将它现代化，但它仍在1986年除役，2000年左右在印度被拆掉。同等级的另一艘船是英国海军的复仇号，它被转卖到巴西海军之后被称为米纳斯吉拉斯号，直到2001年仍在服役。*2004年它在印度的古吉拉特邦的阿兰海滩（Alang beach）被拆掉（参见图27）。另一艘英国二战时的航空母舰大力神号也属非常相似的等级，它被转卖到印度而成为印度的维克兰特号，直到1997年才除役。[40]

核子时代的飞机也有同样的故事。B-52号轰炸机是第一台也是产量最多的携带核弹的轰炸机。它的纪录相当惊人，它在1952年进行第一次飞行，最后一架是在1962年生产。现在B-52不只仍在使用，并且预期要持续服役到2040年，虽然它已经历许多改变。现已有爷爷与孙子都曾担任过B-52飞行员的故事了。另一个例子是KC-135空中加油飞机，它的生产周期是在1956年到1966年之间，这种加油飞机总共生产了732架，其中有600架在20世纪90年代中期仍在服役，在20世纪末它被装上新的发动机并且进行许多其他改装，目前它们仍是美国空军主力加油飞机。奇怪的是，制造者波音公司把美国空军订制的KC-135空中加油飞机，改款成更为著名的707喷气式飞机，这型客机早就已经不再使用了。

也有比战舰与轰炸机更为寻常的事物，透过经常的保养与维修而使用很长的时间。最后一批商业用的大型帆船是在20世纪20年代建造的，其中有艘1926年在德国建造的帕多瓦号（*Padua*），它在二次世界大战被用作苏联的训练船而生存下来，后来又为爱沙尼亚所使用。最后一支大型的帆船船队是在20世纪30年代由古斯塔夫·埃里克松所经营，挂芬兰国旗，大多从事澳大利亚的谷物贸易

* 复仇号于20世纪50年代从英国海军除役，转租给澳大利亚，收回后才出售给巴西，在巴西服役直至2001年。——编者注

运送。最后一艘从事商业运作的横帆船是欧米伽号（*Omega*），它在20世纪20年代负责将鸟粪石从秘鲁的海岛运到大陆；它建造于1887年，而在1948年沉没。更晚近的船只也很长寿。法兰西号（SS *France*）在20世纪60年代下海，而在70年代停用，但后来又被改建使用，命名为挪威号（*Norway*），成为一艘非常成功的游轮。事实上挪威号是利用专门的大型船只从事游轮旅游的先驱。经过几次进一步的改装之后，挪威号持续服务到2003年。20世纪60年代晚期建造的*QE2*号，经过几次大改装之后仍在航行；它原本的蒸汽发动机在80年代中改为柴油机，90年代中期则经过一次大改装。世界上某些地方的旧机车使用很久。印度马哈拉施特拉邦偏远地区的沙坤塔拉快车（Shakuntala Express），使用的是1921年在曼彻斯特制造的蒸汽机车，它的服务时间从1923年到1994年。[41]在乌拉圭仍旧可以看到美国人在20世纪20年代盖的几条公路；古巴保有许多20世纪50年代的美国车款，并以惊人的努力保养这些汽车的电池。伦敦的红色双层公共汽车在1954年启用，生产到1968年，而在2005年停用；然而，它仍充当观光巴士载着游客参观伦敦景点（当然这些车子有重新整修并且装上新的发动机）。在马耳他的公路上还可以看到许多20世纪五六十年代的英国公共汽车。伦敦地铁有许多列车已经使用了数十年，伦敦郊区则使用20世纪60年代制造的铁道机车（rolling stock）。值得注意的例子之一是，有种款式的地铁列车在20世纪30年代晚期引进，使用到70年代才被取代。即使如此，其中有58辆列车在70年代早期仍接受“超级大修”，且在伦敦地铁使用到80年代中期，而且有些还被送到怀特岛*使用到90年代。切尔西的洛兹路（Lots Road）上有座发电厂为地铁提供电力将近100

* 英国南部的一座岛屿，位于英吉利海峡北岸，与大不列颠岛隔索伦特海峡相望。——编者注

年之久，这座电厂在1904年开始使用，分别在1908年到1910年、20世纪30年代早期与1963年换装新的涡轮交流发电机。最后一组发电机在2001年之后仍持续使用。[42]

协和式飞机提供另外一个例子。在服务25年之后，协和式机群在2000年7月一场严重的意外事故之后停飞。在安全上做了重大改善之后，协和式机群又重新飞行，当时人们预期它会继续服务许多年。然而，2001年的911事件后空中交通减少，加上零件费用的涨价，使得协和式无法持续营运。2003年10月最后一班次的英法协和式飞进希思罗机场，带来一股科技怀旧风。对于一架如此未来式的飞机，这样的结局是相当古怪的。英国报纸有位记者写道："悲伤的是，我们即将看到协和式的早夭，这种飞机的结构体还不晓得有多长的寿命呢。"[43]他的意思是说，只要好好保养协和式的结构体还可以飞很久。

在许多案例，保养、翻新与大修会让东西随着时间而改良，其中很有趣的例子之一是蒸汽机车效率的改善，这是阿根廷铁路工程师利维奥·丹特·波尔塔一生的杰作。[44]他有办法改善现有蒸汽机车的效率，有其他人也采用这个想法（例如在南非）。虽然有人对蒸汽发动机的新设计做了些投资，然而由于石油危机，转向柴油与电动机车的潮流终究是如此强大，蒸汽机车甚至无法与之竞争。

从保养到制造与创新

正如战舰与轰炸机的例子，保养有时意味着重大的改装。小型的维修车间有时同样也被用来改装东西，有时候是东西一买来就改装。例如在20世纪20年代一部福特T型汽车的买主："从未把他购买之物当成是完成的产品。当你买了一部福特汽车，你的想法是：这只是开端——这是个活跳跳、精神旺盛的骨架，上面可以挂上几近无限多种的装饰与功能硬件。”[45]很多东西可以透过邮购——这项美国另一个伟大发明——来购买，但是怀特（E. B. White）在回忆文章中提到，第一样加装在他新车上的东西是一个架子，那是他让一位铁匠帮他完成的，架子可以挂上一个旧的陆军行李箱。一辆福特车可以挂上各种东西，从镜子到避震器不等。美国拥有最极致的改装汽车。某些白人男性的热情就在于追寻这种“火辣锻造”的汽车，对“墨西哥裔美国人”（Chicano）而言，拥有液压装置的低底盘汽车可以把车身抬高或放低，并加上精细复杂的内部装潢，是汽车“定制化”的文化产物，这样的历史可以追溯到20世纪40年代，或许甚至可以追溯到20世纪30年代。[46]从墨西哥到阿富汗与菲律宾，许多贫穷国家都会从事这种汽车、卡车和公共汽车的改装与装饰过程，当然没有比这更让福特公司感到恐惧的。

在20世纪的科技史中，有许多例子是公司起先从事某项科技的保养，接下来制造某种零件或甚至整套东西，进而开始创新。不过同样也有从事保养的公司并未走向这样的发展。铁路机车的例子特别有趣，因为保养机车和制造机车的设备基本上是一样的。因此英国铁路的工厂不只从事保养，也制造发动机。蒸汽机车需要密集的保养和维修，它们运作的地方都必须有重大的工业设施。例如，整个修理车间的网络必须在印度建立起来。然而整体而言，印度铁路的修理车间并没有发展出制造业，这是为了要把订单保留给英国的公司。事实上直到第二次世界大战之前，印度的工程界基本上主要从事保养。

另一个很不一样的例子是日本的自行车工业。自行车在日本的生产源自自行车维修店，这些店主要给英国产的自行车维修。起先他们帮进口自行车制作替换的零件，接下来这些零件被组装成完整而更廉价的自行车。自行车由小型零件制造者与小规模组装者构成的系统生产，不过也有些更大型的整合运作。20世纪20年代日本的自行车工业开始出口，到了30年代，日本出口的自行车占日本总产量的一半，主要的出口地点是中国与东南亚，而出口的产品主要是英国制自行车的替换零件（占90%）。[47]东南亚充斥着半英半日的自行车，以及日本仿制的英国自行车。仿制的才华和拥有大量的小型公司是这个惊人成功的原因，成功的余波延续到不久之前，那时日本公司还主导着高质量自行车零件的生产。

第二次世界大战之后日本获得极大成功的另一个产业，也来自维修工厂。就收音机产业而言，战后初年绝大多数的收音机是由不必缴税的小型企业所制造。这些商家基本上从事维修，那时候帮收音机进行维修与零件替换是相当普遍的。20世纪50年代的电视经常是由这些维修商店组装生产。这种维修与制造的密切关系，是生产者与使用者建立起密切联结的关键。这不是日本所独有的。[48]二战之后，新的电子产业就在这样的状况下诞生了。[49]

在某些例子中，进口的短缺导致负责维修的组织扩张到制造，甚至设计。在二战期间，这种情况发生在许多国家。这段时期帝国强权把他们的工业产能用在制造武器，以致许多其他国家无法买到由它们制造的产品。例如，印度的铁路修理车间开始制造武器，伟大的祆教徒企业塔塔钢铁公司（Tata Iron and Steel）则大幅扩展经营。[50]在南非、澳大利亚与阿根廷及其他地方，战争导致国内生产大幅扩张，且通常由维修与保养的设施进行扩张。战后也有显著的例子。当加纳在20世纪70年代出现严重的进口短缺时，“仓库”发展成为制造各种东西的中心。其中两项产品是木制的车体“托托车”（trotro）或“妈妈车”（mammie wagon）这样的客车，它的设计是以贝德福德（Bedford）卡车车体为基础，而“可可卡车”（cocoa-truck）则使用更大的底盘。[51]维修公司转变为从事制造和创新的一个好例子，是巴西圣保罗能源供应公司（Companhia Energética de São Paulo），这是拉丁美洲最大的电力公司之一。在 20 世纪八九十年代，经济危机使得零件和维修设备以及替换设备的进口受到限制，使得这家公司电子维修部门面临庞大的问题。它的响应方式是设计出替代的维修方式，以及新的输电系统控制零件。[52]

工程师和社会的保养

虽然我们可以很轻易地区分人与物，但物没有保养是无法存在的。这使得人与物之间必然有一种特别亲密的关系，此一关系不仅限于使用而已。保养与维修的技巧不同于操作的技巧，前者通常要来得更为困难（不过也有明显相反的例子，例如钢琴演奏家和钢琴调音师）。很少人能够保养与维修东西。然而，保养者仍旧相当普及，我们轻易就知道他们是最普遍的一种技术专家。正因为如此，美国和英国的专业工程师很痛恨人们使用“工程师”一词来称呼电视维修工这类低阶人物。专业工程师也不喜欢把工程师和润滑油布、扳手等维修人员的工具联想在一起。他们不无道理地坚持，专业工程和维修是不一样的。近年来工程师强调他们扮演创新、设计与创造出新东西的角色。这种观点认为，工程师关心的是未来；他们是乐观而进步的，他们为世界带来新事物。

把专业工程师与低阶的维修人员混为一谈是种误导，把专业工程师等同于创造者与改革者也同样是种误导。只有一小部分的工程师专注于设计与研发，即便是最学院派的工程师也是如此。1980 年对瑞典专业工程师的调查显示，他们 72% 的工作是保养与监督现有的东西。[53] 大多数的医生与牙医从事保养与维修人体，同样地，工程师的工作是从事操作，以及对故障进行诊断与维修，使得东西得以继续运作。需要维持运作的东西越来越多，所以专业工程师的人数也越来越多，这一点也不奇怪。我们需要越来越多了解船只、建筑物、机器、道路、运河和汽车等事物的人。他们人数的增长速度比人口增长来得更快，也比医生、牙医、律师的人数增长快得多。今天美国有超过 200 万名工程师，其人数是医生或律师的 2 倍以上。

工程强烈的男性气质和工程师的所作所为密切相关，而不是和他们的知识有关。不管是在家中或产业或田野，关于事物的专业技能都被视为是男性的活动，因此保养与维修几乎全然是一种男性的活动。在富裕国家，保养和维修是男人比女人花更多时间从事的一种家务活动。这种趋势在 20 世纪有个重大的例外，那就是苏联。那里似乎大多数的工程师是女人（大多数的医生也是女人）。资本主义世界很难不注意到这点，这可从比利 · 怀德编剧、恩斯特 · 刘别谦导演的喜剧电影《妮诺契卡》(1939) 看出。嘉宝在片中饰演一位奉命前往巴黎的沉闷工程师妮诺契卡，埃菲尔铁塔唯一能让她感兴趣的是它的技术面。阶级敌人（一位法国男贵族）成功改变了这位女工程师的信仰，使她转而信奉爱情、奢华与女性特质。她在资本主义社会当然就不再追求工程事业了。

工程的主要内容不是创造与发明，这点可以由国家工程师的例子来证明。这些人的工作是管理国家科技。法国中央集权的少数精英工程师，是模范例子，而西班牙、希腊和墨西哥及其他地方也复制了这种模式。他们包括国家矿业团或国家路桥团，以及法国国家行政高层其他低阶的技术和非技术团体。他们先在巴黎综合理工学院受教育，然后才在个别专业学校受训，像是矿业学院及路桥学院。这些人是国家贵族中的公爵与男爵。这些“技术专家”在政治上和行政上非常重要，在法兰西第五共和国（1958—）时期尤其如此；关键例子是季斯卡总统，他是科技学校暨精英管理学校“国立行政学院”(ENA) 的毕业生，这些人是负责保养国家的工程师。季斯卡是个保守派。美国

1929 年到 1933 年的总统赫伯特 · 胡佛这位“伟大的工程师”也是个保守派，他的连任竞选在经济不景气的新世界中失败了。苏联的中央政治局在 20 世纪七八十年代可以找到很多工程师，其中包括勃列日涅夫与叶利钦。中共中央政治局 2005 年的所有成员都是工程师。

第五章

国族

表扬本国发明家是现代国族主义（nationalism）的重要特征。这种发明沙文主义就像国族主义一样是种全球现象。博物馆里负责本国传统的馆员高估本国发明家的重要性、过度强调和国族（nation）的关联、夸大首创的重要性。在 20 世纪 60 年代有位法国人对美国人说：“我们法国没有用巴斯德消毒法来消毒牛奶，但是我们拥有巴斯德。”[1]胡安·德·拉·谢尔瓦（1895—1936）受推崇为西班牙最伟大的发明家之一，虽然他发明并研发了旋翼机（autogiro，一种机翼会旋转的飞行机器，有点像直升机），但他却是在英国创业。另一个例子是拉迪斯劳·荷赛·比罗（1899—1985），据称“毫无疑问是阿根廷最伟大的发明家”。[2]然而拉迪斯劳·荷赛·比罗是在匈牙利发明了又称为比罗笔（Biro）的圆珠笔，他在 1938 年移民离开这个日益反犹的国家。*苏联在最为国族主义的时期，以能够为许多重要科技找到俄国发明家著称，并宣称亚历山大·斯塔帕诺维奇·波波夫（1859—1906）发明了无线电。

英国人、法国人和美国人半斤八两地嘲弄其他国家夸张的科技国

---

* 比罗是出生与成长于匈牙利的犹太人。

族主义。但是这些国家却有着同样夸张的国族主义在起作用——很少有英国人知道雷达、喷气式发动机甚至电视并非英国独创的发明。富裕世界伟大的科技馆，像是伦敦的科学博物馆、慕尼黑的德意志博物馆（Deutsches Museum）及华盛顿的史密森尼博物馆（Smithsonian Museum），并不是彼此的复制品或互补，而是彼此在某种意义上的竞争者。由于这种对国族发明能力的强调，人们特别倾向用发明和创新来讨论国族和科技的关系。

科技国族主义还有其他的形式，例如宣称某某国家最能适应科技时代。创造出适合科技时代的新国族身份，这种事情在世界各地都在发生。几乎任何的国族都有知识分子认为自己的国族最适合“航空时代”。在两次世界大战之间，法国的作家宣称：有活力又有美感的法国人特别适合当飞行员。[3]希特勒认为空战是种特别德国式的作战方式。[4]牛津大学的英文教授沃尔特·罗利爵士是第一次世界大战空战的官方历史学者，他宣称：“（20 世纪 20 年代的英国）拥有一批性情特别适合在空中工作的年轻人，其教育使他们能够大胆冒险——这就是英格兰公学（Public School）* 的男孩。”[5]苏联创纪录的飞行员被称为“斯大林之鹰”，他们被刻意联结到“新人类”（New Man）及斯大林本身。[6]俄裔的飞机制造者与宣传家亚历山大·德·塞维尔斯基宣称：“美国是天生的空中武器大师……比起任何其他民族，美国人都更是机械时代的原住民；空军是美国式的武器。”[7]不过反面的问题也同样重要：认为其他民族有着自己所欠缺的惊人科技能力。例如，英国先是觉得德国在科技上做得比较好，接着是美国和苏联，而最近则是日本；总是有个国家是做得最好的。林白在 1927 年飞越大西洋，因此

* 英国的公学，如著名的伊顿公学 (Eton College)、哈罗公学 (Harrow School)，其实是私立住宿学校，学生年龄层从小学到高中。英国的公立学校称为国立学校 (state school)。

欧洲和美国都赞扬他是美洲活力的证明。[8]世界各地的共产党员都在"斯大林之鹰"身上看到苏联社会的优越性。[9]法西斯主义者，甚至某些反法西斯主义者都认为纳粹德国和意大利是最适合航空的国族。不久前人们还广泛认为日本是最专擅于电子时代的国族。单独来看这种说法貌似合理，结果就误导许多人以太过国族主义的方式来思考科技；但是整体来看，这些说法互相矛盾。

科技国族主义认为研究科技的分析单位是国族：国族是发明的单位，编有研发预算，拥有创新文化，传播与使用科技。科技国族主义者相信，国族的成功有赖于他们在这些方面的成就。这种科技国族主义不只隐含于国族科技史中，同时也存在于许多政策研究中，例如"国家创新体系"（National Systems of innovation）。将特定的科技联结到特定的国族：认为棉纺织品和蒸汽动力是英国科技，化学是德国科技，大量生产是美国科技，消费电子产品则是日本科技。[10]尽管这些国家在所有这些科技领域其实都很强。

另一方面，我们把焦点特别放在通信技术的科技全球主义，而且不断地重复所谓世界正在变成"地球村"的这种想法。这种老派的观点认为：随着新科技的全球化，国族就快要消失了。这种观点宣称蒸汽轮船、飞机、无线电及最近的电视和因特网，正在创造一个新的全球经济与文化，而国族至多只不过是科技全球主义借以运作的临时工具罢了。

国族的重要性是科技国族主义无法掌握的，科技全球主义则对国际与全球面向为何重要茫然无知。政治、跨国公司、帝国与种族也是形塑科技使用的关键因素，这些因素用复杂且不断变化的方式跨越国族与国际的界线。国族与国家是20世纪科技史的关键，但其重要性并非常人所理解的那般。

科技国族主义

相较于表面看来较不意识形态化、较能为人所接受的自由主义与国际主义观念，国族主义这个意识形态在20世纪被视为是种偏差的观念。国族主义常被视为是意识形态的倒退，就像军国主义一样，也被认为和军国主义有关。它是所谓远古血缘连带的骚动，是来自过往的危险风暴。人们不会用正面观感来看待国族主义和科技的联结，而这不令人意外。西方分析者使用科技国族主义一词时，主要是用来谈日本，现在则是用来谈中国，用来描述一个潜在甚或实际存在的危险事物。

认为科技国族主义只适用于这类国家就大错特错了。几乎每个国家的知识分子，对科学和技术的看法都非常国族主义，20世纪中叶尤其如此。国族主义不只存在，而且在不同国族都很相似。尽管国族主义的要义在于国族的独特性，但每个国家在相同时期大多同样有国族主义。厄内斯特·盖尔纳对国族主义提出过一套解释。对盖尔纳而言，面对工业化与全球化的现代世界，国族主义是种适应方式，那是对全球现象的全球反应。盖尔纳的看法如下：在现代工业化社会中，教育、官僚、信息与传播至关重要，若因语言或文化障碍而与之隔阂，将带来无法承受的代价，因此这些功能必须以人民所使用的语言来执行。国族主义是一项新的事物，是现代性不可或缺的。就这个意义而言，国族主义并不是一种逃避全球化的现代世界的方式，而是既能参与这个世界又能够保持个人尊严的方式，事实上国族主义创造了个人得以参与这样的世界的能力。[11]

国家创新与国家经济增长

国家经济与科技的表现取决于国家发明与创新的速度，这样的假设隐含了一种极端而广泛的科技国族主义。这种论点出现在 20 世纪 50 年代晚期的美国，为了鼓吹由国家来支持研究而提出了标准的市场失灵论（market failure argument）。其论点如下：由于外人和出资者同样可以享受研究的成果，因此社会中的个人不会愿意提供充裕的研究经费。这是著名的“搭便车”问题。市场失灵了，因此政府应该介入，提供研究经费，研究的成果则会让所有人受益。当然早在这套论点提出前，包括美国在内的许多国家就已经在资助研究了，而且因为许多其他的理由也会继续资助研究。然而，只有当每个国家都处在孤立于其他国家的封闭系统中时，这样的论点才能成立。因为搭便车的问题同样会出现在政府之间——为何印度政府要出钱资助巴基斯坦人或美国人也能利用的研究呢？当然我们应该注意到，美国在 20 世纪 50 年代主导了全世界的研发，因此可视为一个封闭系统。

图 15　国族科技。甘地在手纺车旁阅读简报——手纺车是印度国大党的伟大象征。甘地推动“由大众生产”（production by the masses）的运动，手纺车因而在 20 世纪重新引入印度。

这种不言明的科技国族主义，亦可见诸另一个支持国家资助研究（与开发）的论点。这一论点主张，如果想要赶上富裕国家，国家就要有更多的发明与创新；如果不能做到这点，该国就会沦落到最贫穷国家的水平。分析者如果质疑国家研发，甚至会被指控为毫不在乎国族将沦落到保加利亚或巴拉圭那般田地。这样的论证经常宣称，发明和创新在其他国家具有极大的重要性，然后开始提到英国、印度或泰国的研发经费要比美国与日本少很多。因此西班牙人抱怨，西班牙的发明占所有发明的比例，远低于西班牙人占全球人口的比例，甚至比西班牙生产占全球生产的比重还低。然而在这样说的时候，西班牙比较的对象是世界上最富裕的国家，而不是整个世界。[12]

这种以创新为中心的科技国族主义认知是科技国族史的核心。历史学者和其他人都认定，德国和美国在20世纪初期的快速发展来自快速的国家创新。他们也论称英国的“没落”（也就是经济增长迟缓）必然和低度创新有关，事实上这一“没落”本身就被当成是创新无能的证据。以最近一本谈创新与经济表现的书为例，它的章节编排方式很典型地以国族为基础，对于研发支出规模仅次于美国的日本，其近来的经济表现与其庞大的研发支出不成正比这一情况，表示出相当的惊讶。[13] 20世纪90年代大为盛行这种粗糙的内生增长理论（endogenous growth theory），它宣称研发投资带来全球与国家的经济增长。

此种研发中心论的观点很有影响力，尤其是国族主义的版本，以致所有的反面证据都遭到忽略。在20世纪60年代我们就已经知道，国家的经济增长率和国家在发明、研究、创新与开发上的投资并无正相关。有很多创新的国家并没有发展得很快。就以意大利和英国为例，这两个国家在1900年的时候很不一样，但到了2000年则没有那么大的差别。意大利的人均产出在20世纪80年代超过了英国，意大利人称这个震撼为“超越”(*il sorpasso*)。一般认为这两个国族性格极端不同，但现在其国民平均所得却达到相同的水平，这点在两国都引起了注目。意大利的研发支出要比英国少很多，结果却变得比英国还要富裕，这在科技国族主义的世界里是不可思议的。意大利的科学家、工程师与政策研究专家，长期以来都在抱怨意大利不是个伟大的创新中心，诺贝尔奖得主很少（其中一位是因研究塑料聚丙烯的聚合作用而得奖），而以富裕国家的标准来看，其研发经费相当低。英国的科技政治是如此奇特，甚至有人宣称意大利的研发经费其实比英国还多，以便掩饰这个难以解释的现象。但却没有人愿意承认，意大利只花这么少的研发经费就变得和英国一样富裕，是令人赞叹的成功。

必须强调这不是个独特的例子。就20世纪八九十年代的经济增长率而言，西班牙是欧洲经济体当中最成功的国家之一。然而西班牙花在研发上的经费还不到GDP的1%，工业与科技的历史纪录还不如意大利：西班牙是一个“没有创新还能进步的科技系统”(*Sistema tecnol ógico que progresa sin innovar*)。[14] 世界史上最快速惊人的经济增长出现在一些亚洲国家或地区，像是马来西亚、中国台湾地区、韩国，以及最近因其规模而最为重要的中国。当中国发生大转变并将其制造业产品营销到全世界时，相较之下远为创新的日本经济却陷入停滞。此外，近几十年来富裕国家的研发经费增加了，经济增长率却低于长荣景时期。

还可以再举出此种吊诡现象进一步的例子：苏联和日本这两个国家在20世纪都经历了持续的超快速发展，研发支出也都很高。苏联的例子特别令人震惊，20世纪60年代晚期的研发经费占国民生产总值（GNP）的2.9%，和美国相当，在70年代早期比美国还高。就总体数量而言，苏联从事研发的科学家和工程师人数，在20世纪60年代末超过了美国，这使得苏联拥有全世界最庞大的研发人力。[15] 然而一般认为，苏联对现代产业一点新贡献都没有，虽然这种看法可能有点不公平。日本在第二次世界大战之后的表现比苏联好，可是一般也认为其创新纪录和巨大的研发支出不成比例，虽然这种看法可能也有点不公平。

我们要怎么解释这样的现象？有通则吗？首先，大致的通则是富裕国家研发经费占其产出的比例，要比贫穷国家来得高。这点也有例外：例如意大利变得富裕，但研发支出却很低；苏联非常贫穷，研发支出却要比富裕国家来得高。其次，这样的关系会随着时间而改变：富裕国家在 20 世纪八九十年代财富增加的速度变慢，研发支出占国家收入的比例则保持停滞，有些国家甚至下降。第二个直觉性的通则是，富裕国家不是快速发展的国家，当然这个通则也有重要的例外。经济增长缓慢的国家已经相当富裕；20 世纪经济快速发展的国家是贫穷的国家，通常花在创新上的经费很低。把这两个通则一起考虑，我们的结论是，富裕、经济增长缓慢的国家要比经济快速增长的穷国支出更多的研发经费。

为何科技国族主义关于创新与经济增长的假设无法成立呢？创新与使用之间的关系绝非直截了当，创新与经济表现的关系也是如此。然而，科技国族主义预设了一个国家所使用的东西是来自自己的发明与创新，或至少具有创新能力的国家，在其创新的那项科技上会率先取得领先地位。然而，科技发明的地点并不必然会是早期使用的主要地点。以汽车为例，内燃机汽车在德国发明，但是汽车产业出现的前二十年，德国并不是主要的汽车生产者。在 1914 年之前美国是汽车的主要生产者，而接着数十年间德国汽车使用的普及率低于其他的富裕国家。动力飞机是美国莱特兄弟 1903 年的发明，但是到 1914 年，英国、法国与德国都拥有更大的机群。接下来我们会谈到，摄影和电视也是这样的例子。

更重要的是，国家对科技的使用很少依赖国内的创新。大多数科技是跨国共享的；一个国家从国外取得的新科技远多于自己发明的科技。意大利并没有重新发明其所使用的科技，英国也没有。就像世界上每个国家一样，这两个国家都共享来自全球的科技。只要看看你周遭的东西，问问它们源自何处，就能清楚看出这一点：全球任何地方使用的科技，只有很小的比例是当地发明的。要说整个苏联历史中使用的 75 种主要科技，只有 5 种是苏联自己发明、10 种是苏联和其他国家共同发明的，这种抱怨并不公平。[16] 必须说明比较的指标，并且认识到大多数国家使用的科技当中，本国发明的科技所占比例很可能大致相当，即便最富裕且最有创造力的国家也是如此。

科技分享的概念很重要，然而，它在 20 世纪的历史重要性却遭到忽略，这是因为我们用科技转移这样的概念来思考科技跨国的移动——科技从领先国转移到其他国家。科技转移这个术语首先是用来描述现代科技如何出口到贫穷国家的，但这种转移的重要性远低于富裕国家之间的科技移动。在 20 世纪法国和英国双向的科技移动，要比英国跟印度之间的科技移动来得重要多了。这并不是要否认科技跨疆界转移的重要性。事实上，20 世纪全球经济最重要的特征之一，是某些国家技术水准的趋同。就各种经济指标而言，世界上的富裕国家要比在 1900 年时来得更为接近。这些国家借取彼此的科技，或许都从同一个水平最高的特定科技领导者借取科技。意大利、西班牙、日本和苏联及现在的中国，都曾大规模仿制外国科技，这是其经济快速增长的关键之一。

富裕国家趋同的故事当中，有一个非常特别的案例。美国的生产力在 19 世纪不只赶上了欧洲，甚至超越了欧洲。美国在整个 20 世纪保持领先，甚至其 20 世纪中期的生产力是欧洲工业巨人的 2 倍。美国的领先地位并不是来自其“纯粹科学”甚或“工业研究”方面的主导地位，1900 年美国在这两个领域都不是领导者。有些历史学家宣称美国的独特性在于其生产科技，这也是其创新特别突出的地方，生产科技带来了大量生产。可是支持美国在这一发明领域具有中心地位的证据，并不像国族主义分析美国科技的说法那般有力。事实上，19 世纪晚期到 20 世纪初期，有着惊人数量的科技窍门是从欧洲跨越大西洋流入美国。[17] 然而到了 20 世纪中期，不论就任何标准而言，美国明显是工业研究与创新的领导者，主导了全球的生产与全球的创新。就此而言美国全然是非典型的，正是我们所期待的那种科技来自国家内部创新的例子。或许只有在二战后的美国这个特殊例子这里，才能见识到本土创新的产物具有相当的重要性。许多研究显示，美国的创新促进了美国经济的增长——但相信这点可以适用到其他的国家却是错误的，而相信美国经济增长率特别高也是个错误。

那么我们可以得出的结论或许是：全球性的创新或许是全球经济增长的决定因素，但这点并不能套用到特定的民族国家。既然国内的创新并不是国家技术的主要来源，那么国内的创新和国家经济增长率之间没有正相关也就不足为奇了。富裕国家彼此之间以及富裕国家和贫穷国家之间的全球科技分享是常态。那么我们是否该抛弃科技国族主义而采取全球性科技的视角来思考呢?

科技全球主义

科技国族主义是思考 20 世纪的科技与民族国家的核心预设，然而科技全球主义却宣称全球才是关键的分析单位，它经常期待科技会消灭掉民族国家这个其眼中的过时组织。大部分的科技全球主义都是以创新为中心，许多的全球史、信息社会大师的推想、还有许多关于科学与技术的预言说法，都是以这种科技全球主义为核心。过去一个多世纪以来，人们一直都在宣称这个世界因为最新科技而经历了全球化的过程。

汽轮、火车与电报在19世纪晚期抵达并穿透世界上的许多角落，因此有理由说世界比过去有了更多的联结。然而，在更新一点的科技出现时所提出的全球化主张，却忽略了过去这些科技，因此20世纪20年代亨利·福特在《我的工业哲学》(*My Philosophy of Industry*)一书中宣称：

> 人们用传教、宣传与文字做不到的事情，用机器做到了。飞机和无线电超越了所有的疆界。它们毫无挂碍地穿越地图上的虚线。它们以其他系统做不到的方式将世界联结在一起。电影的普世语言、飞机的速度以及无线电的国际广播节目，很快就会让世界能够完全彼此理解。因此我们可以预想一个世界合众国(United States of the World)。它最终必将来临！[18]

对亨利·福特而言："飞机与无线电将对全世界发生的作用，就如同汽车对美国所起的作用一般。"[19]二十年后加拿大一战空战英雄与空军元帅比利·毕晓普宣称："马和马车发展出纯粹的地方文化。火车和汽车则发展出国族主义。"问题当然是什么时候是火车和汽车的时代，而这种以创新为中心的说法却忽略了上述问题。毕晓普认为随着飞机的出现，必须"建立起世界文化，一套关于公民责任的世界性观点……飞行时代必须带给我们全新的公民概念、国家概念与国际关系概念。"人类必须在"和平之翼或死亡之翼"间做选择。[20]

韦尔斯是这种思考方式的大宣传家之一。在《未来的事物：终极革命》(*Shape of Things to Come: The Ultimate Revolution*)一书中，飞行员为受到战争摧残的世界带来和平与文明。[21] 韦尔斯想象 1965 年在伊拉克的巴士拉（Basra），会有一场由科学家和工程师召开的会议。会议由交通联盟发起，集结剩余的飞机与船只，并且以飞行员的基本英文（Basic English）为官方语言。[22] 该联盟统一控制所有的空中航道，并有一支空军来确保和平。使用的货币是“飞元”。[23] 空中与海洋管制以及空中航道与海运的警察，都隶属于合格会员所组织的“现代国家协会”。在 1978 年面对重新出现的民族国家政府的反抗，他们决定施放和平气（Pacificin）加以镇压。韦尔斯不是唯一提出这种想法的人。20 世纪 30 年代初期有各式各样设立“国际空中警察”的建议，这种想法一直延续到 40 年代，内容通常是建议英国人和美国人来担任国际警察。近年来这类科技全球主义的主角则包括了原子弹、电视，尤其是因特网。然而正如我们所见识到的，其实国际关系的关键通常是较为古老的科技。今天的全球化有一部分是来自极为廉价的海运和空运，以及通过无线电和电缆进行的通信。

知识较为丰富且有历史意识的评论者无法容忍这类说法。乔治·奥威尔在 1944 年就注意到这些说法的重复之处：

> 最近读了一批乐观得肤浅的“进步”书籍。我很惊讶地发现人们自动地重复某些在 1914 年就已经相当流行的说法。其中两个最受欢迎的说法是“抹平距离”和“疆界消失”。我记不清有多少次看到像是“飞机和无线电克服了距离”及“世界所有的地方现在都互相依赖”了。

然而，奥威尔批评的不只是这里的历史失忆症。他宣称科技与世界史的关系其实大不相同。他说：“事实上现代发明的效果是助长了国族主义，让旅行变得困难许多，减少了国与国之间的沟通方法，以及让世界各地变得越来越不依赖其他地方的食物与制造业商品，而非更加相互依赖。”[24] 他想到的是1918年之后发生的事情，特别是在20世纪30年代早期。他的论点不只可以成立，而且强而有力。

伟大的全球贸易时代在1914年结束。在两次世界大战之间贸易停滞衰退，特别是在20世纪30年代，全世界的民族国家都变得越来越自给自足。比起20世纪初跟20世纪末，20世纪中期是一个很不全球化的时代。当时出现了深刻的国族化。当时也出现了强大的力量要让政治帝国变成贸易集团，其程度是前所未见的。以创新为中心的政治史认为，19世纪与20世纪初是国族主义的伟大时代；帝国主义的时代则是19世纪70年代到第一次世界大战。然而，在20世纪30—50年代，帝国内部的贸易占全球贸易的比例要高于新帝国主义的开创时期。* 国族主义在20世纪中期的重要性至少不低于从前，而且正如奥威尔注意到的，20世纪三四十年代的国家经济政策是自给自足，而科学与技术则是自给自足的主要工具。他特别指出飞机与无线电对这种新而危险的国族主义有强化作用。换言之，天真的科技全球主义眼中相互联结的世界，其核心科技实际上是新的国族暴政工具。

我们可以比奥威尔更讽刺地倒转以创新为中心的科技全球主义宣传。因为许多被认为在本质上会促成国际化的科技，其实起源和使用都是非常国族的。无线电起源于军事，和国家的力量有紧密的关联。在第一次世界大战之前，无线电的发展和海军密切相关；事实上，全球首屈一指的无线电制造商马可尼公司（Marconi Company），其最大的客户是英国皇家海军。在第一次世界大战期间和之后，无线电和军事仍旧关系密切，例如，美国无线电公司（Radio Corporation of

* “新帝国主义时期”指的是西欧国家、美国以及日本殖民扩张的19世纪末和20世纪初。——编者注

America，RCA）就和美国政府紧密结合。[25]

更惊人的是即使在和平时期，飞机主要也是一种战争武器。飞机根本不是要来超越国族的，它是彼此竞争的民族国家和帝国的系统性产物。飞机工业在平时与战时都完全依赖军方这个主顾。在和平时期，全世界主要的飞机产业有 3/4 的产品都是卖给军方。在两次世界大战之间，空军拥有上百架飞机，而航空公司只有几十架而已。在这之后军方仍然主导航空产业的销售。然而直到今日，科技史仍把航空当作一种交通工具来看待：航空史通常就是民用航空史，认为民航的需求是推动航空技术发展的动力。飞机制造工业的历史也高估了民航飞机生产的重要性，叙述这个产业和平时期的历史就只谈到民航机的生产。[26]

然而，无线电和飞机不是唯一这类例子。原子弹也是国家互相竞争的世界之下的产物。因特网也是如此，它诞生于美国军方的需求与资金。20 世纪许多伟大的科技是自给自足和军国主义的科技。从煤炭中提炼的油、许多合成纤维和合成橡胶都是这类科技的例子，这些产品在全球自由市场中是无法生存的。它们是特定国家体系的产物，其运作迫使国族彼此之间出现特定的关系。国家特定的角色以及它和其他国家的竞争性质，使国家在促进特定科技时发挥特定的作用。即使是科技国族主义者，也没能辨识出国家体系对 20 世纪科技的重要性。国家科技计划（techno-national project）有极大的重要性，然而，在科技国族主义的书写中找不到它们的历史。

自给自足与物品

政治的疆界不同于科技的疆界，但国家经常通过控制物品的跨国移动以及发展特定的国族科技，来使两者合而为一。国家通过关税、配额及国族主义的采购政策来控制物品的移动。国家通过和世界其他地方隔绝，以及直接资助国家创新计划，来发展国族科技。这种实际的科技国族主义有着奇妙的矛盾效果，它不只未能让不同国家的科技不同，反而鼓舞了科技跨越政治国界的运动。它也促使国家变得贫穷，而非让国家强大。

在某些国家的历史中，自给自足变成公开的政治经济计划，政治行动者使用“自给自足”（autarky）这个词，历史学者拿来用也很顺手。最重要也最明显的例子是法西斯主义统治下的意大利和纳粹德国；在佛朗哥统治时期的西班牙，自给自足（autarquía）政策一直持续到1959年。政府保护产业、采取进口替代政策，促进军事相关的战略性产业；国家通常对国内产业有很大的控制力，其控制有时是通过特殊的机构，像是墨索里尼的工业重建局（Industrial Reconstruction Institute, IRI），西班牙在1941年建立了类似的国家工业局（Instituto Nacional de Industria）。[27] 苏联集团和中国也同样追求自给自足。事实上，那些同时孤立于资本主义世界与社会主义集团之外的国家，采取了最为极端的自给自足做法。朝鲜在20世纪60年代同时孤立于中国和苏联，而追求“主体”（*Juche*）政策。阿尔巴尼亚在1960年之前依赖苏联集团，之后则依赖中国，但是在20世纪70年代早期则变得越发自给自足，特别是中国从1978年开始停止所有的援助之后。

越来越多的国家在20世纪中期变得自给自足，世界各国都追求工业化，以本国公司生产的国内产品来取代进口产品。追求自给自足的国家当中，有些在过去是自由贸易最热心的拥护者，像是英国。希腊是东地中海的商业中心，没有足以称道的制造业，20世纪30年代在梅塔克萨斯的统治下也开始追求自给自足。* 关键因素通常是发生在其他地方的战争，迫使国家采取自给自足的发展，以取代再也无法

* 梅塔萨克萨斯将军（Ioannis Metaxas, 1871—1941），1936—1941期间担任希腊首相。

取得的进口产品。这种做法不得已被宣扬成一种美德，例如在庇隆将军统治下的阿根廷，国家产业发展成为该政权的核心政策。印度、南非与澳大利亚同样也在这段时期发展出新的产业。

左派与右派都有人支持自给自足。20世纪60年代拉丁美洲的依附理论者（dependency theorist）的批评是，出口原物料的国家在自由贸易下，甚至连最基本的制造业产品都得仰赖进口；他们抨击自己的国家没有发明出任何东西，因此永远屈从于中心国（metropolis）。要发展与独立就必须脱离世界市场，发展国家产业。至少也有部分欧洲左派同样主张促进国家产业发展的策略，因而拒绝自由贸易乃至欧洲共同市场。

氢化

法国化学家保罗·萨巴捷在20世纪初证明，使用金属催化剂可以让许多有机与无机的化合物产生氢化（在化学结构中增加氢）。氢化有三种特别重要的用途：制造人工奶油、氨和汽油。这三种工艺都能生产出旧产品的替代品：氨用来制造硝酸盐，取代智利的鸟粪石；用煤炭提炼汽油，取代开采的石油；脂肪和油脂氢化后制造出来的人工奶油，取代牛油和其他形式的奶油。这三者都和20世纪的国族问题有密切的关系。

德国化工厂巴斯夫（BASF）在第一次世界大战前首创对氮进行氢化，以此来制造氨，这对德国的国力极为重要，不只因为这带来了本土生产的氮肥，同时硝酸盐也是火药的主要成分。1913年巴斯夫开始在奥宝（Oppau）生产合成氨，1917年在洛伊纳（Leuna）又盖了一座新的工厂，使用的原料是焦炭、蒸汽和空气。奥宝厂在战时发展出的工艺，能够从氨中提炼出硝化物并进行量产。任何强权似乎都不能没有“合成氨”，各国政府都试着发展哈伯–博施法及其他工艺（除了哈伯–博施法之外还有一些其他的办法来制造合成肥料）。例如在英国，合成氨成为1926年新创办的企业“帝国化学工业”（Imperial Chemical Industries，ICI）的核心。英国政府原本资助白金汉（Billingham）的合成氨生产计划，由帝国化学工业接收。合成氮肥的扩散非常地全球化（大多是由哈伯–博施法制作的，但不是全部），而这一产业确实具有极大的重要性，特别是在第二次世界大战之后。1945年之后硝酸盐撒到全世界各地的农田中，以至于到了20世纪末，人类食物所含的氮有1/3来自人造硝酸盐。

就其国族意涵而言，或许氢化最重要的运用是煤炭的氢化。20世纪上半叶，煤炭是富裕国家最主要的能源。但很快，石油变成了轿车、卡车、飞机（汽油）及船只（柴油和燃油）的动力来源。西欧主要国家没有自己的油源，主要生产者是美国、俄国、罗马尼亚和墨西哥。德国化学家弗里德里希·贝吉乌斯发展出从煤炭廉价分离出氢气的工艺；接着他将重油氢化，1913年又将煤炭氢化。贝吉乌斯在1915年开始在莱瑙（Rheinau）建立一座工厂，生产由煤炭提炼出的油。从事这项巨大计划的原因是，德国在战争中就快要缺乏宝贵的汽油了。德国和奥地利要到1916年击败罗马尼亚，才能取得罗马尼亚巨大的石油生产。莱瑙工厂兴建耗时，经费高昂，要到1924年才完工。其经费来自许多私营公司，包括皇家荷兰壳牌石油和巴斯夫。法本公司（IG Farben，这是包含巴斯夫在内的主要德国化工厂并购形成的集团）使用不同的催化剂，发展出改良的贝吉乌斯工艺，并且在1927年开始在洛伊纳建立起一座工厂（该厂能够使用氢化方式生产合成氨）。20世纪20年代时雄心勃勃的新计划结合了德国的主要化工厂。到了1931年它们每年可生产30万吨的汽油（使用石油业术语的话是250万桶汽油）。

对纳粹在1936年提出的四年计划而言，燃料的自给自足是最优先的，建立起合成燃油的生产则是达成这一目标的关键。任命戈林为“燃料主委”，他选择的工艺就是法本公司的氢化法；公司建立并经营许多的工厂，包括在奥斯威辛兴建的以使用煤炭为主的化学厂区。就像大多数的生产方式一样，油料合成也有替代的制造方法，例如费希尔–托罗普施法（Fischer-Tropsch process，简称费–托法）就没有使用煤炭，而是将一氧化碳加以氢化。其他的替代做法还包括用木材产生的煤气提供汽车动力。[28]到了1944年产量已经提高到每年300万吨，或者是2550万桶。战争期间这些合成油料工厂对德国的燃料经济极为重要，特别是飞机燃油的生产。

德国在战败后被禁止从事氢化工艺，1949年更被下令拆除其工厂。苏联将其中4座工厂搬到了西伯利亚。此一决定在1949年稍晚被推翻，这些工厂则被用来裂解石油。东德因为孤立于西方石油市场之外，因此直到20世纪60年代都还使用煤炭氢化来生产汽油。[29]东德的化工业主要还是以煤炭为基础，直到20世纪50年代苏联开始增加石油的供应为止。1979年苏联开始限制石油输出，使得东德在20世纪80年代又回头使用煤炭合成油品，这又是老科技重新出现且带来严重生态危害的例子，因为德国的褐煤燃烧会导致大量的酸雨。[30]

煤炭的氢化技术传播到许多国家，但它从未真正全球化。在一个强调自给自足的时代，“自给自足式的科技”也国际化了。德国法本公司在20世纪20年代初期掌握了关键的专利，但是到了30年代初期，国际专利权是由法本公司、美国的标准石油、皇家荷兰壳牌这家英国与荷兰的石油公司以及英国的化工厂帝国化学工业共同拥有。英国和美国都兴建这类工厂。帝国化学工业在英国接收了许多政府研究室的成果，在那座1935年到1958年间兴建于白金汉的工厂生产汽油。

就像在德国一样，用此种方法生产汽油必须要以各种方式加以补贴。偏向轴心国的西班牙政府在 1944 年和德国达成协议，在西班牙雷阿尔省的普埃尔托利亚诺（Puertollano）设立起合成燃料的项目。20 世纪 50 年西班牙又和巴斯夫及其他的德国工厂签订了新的协议，引进技术并盖起了工厂。[31] 从 1956 年开始生产，直到 1966 年。西班牙在 20 世纪 40 年代晚期与 50 年代初期有个非常昂贵且高达国内生产总值 0.5% 的研发计划——对于当时这么一个穷国来讲，这是相当可观的比例。[32]

盛产煤炭的南非是另外一个例子，在 1955 年萨索尔（Sasol）公司开始使用费–托法工艺来生产汽油。随着阿拉伯国家 1973 年的石油禁运，南非兴建了萨索尔二号厂；1979 年的伊朗革命使得南非失去伊朗的油源，导致萨索尔三号厂的兴建。[33] 萨索尔的厂区就像德国工厂一样遭到炸弹攻击，不过这不是联合国所为，而是非洲国民大会的武装组织“民族之矛”在 1980 年 6 月所为。这个攻击是反抗种族隔离政权的游击战的重要转折点，奉行种族主义的南非国民党执政下的南非，每天生产 15 万桶汽油，其产量是纳粹德国合成燃料产量的 2 倍。[34] 随着油价在 1973 年到 1979 年之间的高涨，而且似乎居高不下，由煤炭提炼汽油的研究在 20 世纪 70 年代又大规模展开。石油公司和政府再度投入这一领域，并且找出之前纳粹在这方面的研发工作记录加以参考。

在研发的历史中，煤炭氢化应该占有非常重要的一席之地。不论是 20 世纪二三十年代全世界最大的化工厂法本公司，还是 20 世纪 20 年代晚期和 30 年代初期英国的帝国化学工业，都是它们最大的单一项目；在战后的西班牙与南非也是如此。然而煤炭氢化生产出的汽油，在全球市场从来不具有竞争力；除了纳粹德国和南非这样的特例之外，它不是重要的汽油来源。煤炭氢化在这两个国家具有历史重要性，它使德国空军还能够飞行，也让种族隔离制度得以运作。

国族不是一切

科技就像国族主义一样会跨越国族疆界，发生这种情况的背景和时机是国族史难以预料的。例如，1935年笼罩在国族主义与极权主义之下、追求自给自足的法西斯意大利，有些地方比其他地方在技术上与美国的关系更加密切。现在我们称之为巴西利卡塔的阿利亚诺村（Aliano），就是这样的例子；该村有1200位居民、1辆汽车、1间厕所，还有太多传播疟疾的蚊子。[35]然而这一村落的机械设备都是美国制的；它使用的度量衡是英语世界的英磅和英寸，而非欧陆习惯的千克与厘米。女人使用古老的纺纱机织布，但却用来自匹兹堡的剪刀来裁剪；农夫的斧头也来自美国。[36]怎么会这样呢？阿利亚诺村约有2000个人移民到美国，他们从那里将“一批批的剪刀、刀子、刮胡刀、农业用具、镰刀、铁锤、钳子……所有日常生活的用具”寄回家乡。在格拉萨诺这个大而富裕的意大利城镇，木匠拥有美国的机械。[37]人际关系并不局限于民族国家的疆界，而这影响了物品的流通。

二战之后的军事科技是另一个更值得注意的例子。尽管有冷战，加上个别国家都努力要发展本国的科技，但是美国、英国和苏联在20世纪50年代分享着数量相当可观的技术，这还没有把从德国掳获的技术计算在内。多国合作的原子弹计划变得更加跨越国界，这不是因为科学与技术的国际主义，而是因为政治上的国际主义者从事间谍工作的结果。他们帮助苏联在1949年制造出和美国原子弹几乎一模一样的钚弹。[38]英国在1952年试爆的原子弹同样复制了洛斯阿拉莫斯的钚弹。这三个强国使用的第一批原子弹轰炸机也是相同的：在20世纪50年代早期都使用波音的B-29型轰炸机。英国在1950年到

1954 年之间向美国租借这种飞机。苏联的 Tu-4 型轰炸机则是仿制在二战期间迫降其领土的 B-29 型轰炸机。此外，苏联的喷气式飞机也使用英国的尼恩与德温特（Nene and Derwent）喷气式发动机（这种发动机本身也是仿制的），其中特别著名的是在朝鲜半岛上飞翔的米格–15 战斗机（英国在 1946 年批准该项技术转移）。[39] 事实上尼恩发动机到处都是。

二战之后，许多国家决定不只要取得喷气式战斗机，而且还要自行设计与生产。许多专家来自遭到禁止拥有航空工业的德国。该国的航空工程师，包括那些最著名的佼佼者，不只前往美国和苏联，还去了西班牙、阿根廷、印度与阿拉伯联合共和国（该共和国是由埃及、叙利亚与也门组成，但最终未能合并成功的泛阿拉伯国家）等国家。这些国家在不同时期因为不同的理由而成为二战后美苏两大集团之外的“不结盟”国家。阿根廷、印度和构成阿拉伯联合共和国最主要部分的埃及，在某种程度上都曾经是大英帝国的领域，而德国的航空工程专家在这三个国家受到重用的程度远超过英国工程师。

阿根廷在国族主义与民粹主义的庇隆政权统治下，制造的普奇号（*Pulqui*）喷气式战斗机在 1947 年首度飞行。“普奇”在马普切（Mapuche）原住民语言里意思是“箭”，这样的名称明显昭示着背后的国族主义动力。领导制造这种飞机的是埃米尔 · 德瓦蒂内，他是法国最伟大的航空工程师之一，因为在纳粹占领期间通敌，在法国遭受通缉而逃亡海外。[40] 法国解放之后他就前往西班牙，在 1946 年又由西班牙前往阿根廷，在那里停留到 20 世纪 60 年代晚期。[41] 另一位更著名的飞机设计师库尔特 · 谭克（1898—1983）在 1947 年取代他的位置，谭克是福克–沃尔夫型飞机（Focke-Wulf）的关键设计者。谭克差点就前往了苏联。他认识一位苏联的飞机工程专家格里戈里 · 托卡耶夫上校，后者宣称他劝谭克不要到莫斯科去见斯大林。托卡耶

图 16　20 世纪 40 年代晚期，英国为刚刚国有化的阿根廷商船航线建造的客轮、货轮与冷冻肉品轮船等三艘船的其中一艘。三艘船分别被命名为爱娃 · 庇隆号（*Eva Perón*）、庇隆总统号（*President Perón*）与十月十七日号。图中是爱娃 · 庇隆号在克莱德造船厂（Clyde）试航的模样（本书作者在 1970 年搭乘这艘船返回英国）。在庇隆政权倒台后，它们被重新命名为利柏塔号（*Libertad*）、阿根廷号（*Argentina*）与乌拉圭号（*Uruguay*）。利柏塔号在 20 世纪 70 年代早期航行布宜诺斯艾利斯到欧洲的航线，后来则充当南极游轮。

夫后来叛逃到英国，因为他不喜欢斯大林强制的俄国国族主义。[42] 从 1947 年开始，谭克设计并制造了普奇二型（*Pulqui II*）喷气式飞机，使用尼恩式发动机的该型飞机在 1950 年首飞。就像苏联的米格–15 飞机一样，它是谭克的 Ta-183 型飞机的后代。普奇二型从未量产，谭克及其团队的大部分成员后来则前往印度。他们为印度斯坦航空公司（Hindustan）设计了超音速的马鲁特战斗机（*Marut* fighter），该型飞机从 20 世纪 60 年代服役到 80 年代，期间生产了 140 架。这型飞机用的也是英国发动机。印度后来和阿拉伯联合共和国合作设计自己国家的战斗机航空发动机，而德国专家在这项计划中再度扮演重要角色。

阿拉伯联合共和国的飞机生产计划是从西班牙开始的。[43] 西班牙在 20 世纪四五十年代追求航空的自给自足发展，但同样依赖德国的专家。[44] 克劳德·道尼尔（1884—1969）为马德里的 CASA 公司工作，他为军方设计的轻型多用途飞机后来在德国生产。威利·梅塞施密特（1898—1978）在 1951 年前往西班牙。他先研发了一架也可用于战斗的教练喷气式飞机，该型机生产的数量不少。埃及在 20 世纪 50 年代开始生产它们，有些到了 80 年代还在使用——它们被称为开罗型飞机（*Al-Khahira*）。[45] 梅塞施密特和恩斯特·海因克尔合作制造了 H-300 型超音速战斗机，但该机型从未量产；20 世纪 60 年代埃及人对其进一步加以发展，却没有成功。这型飞机用的也是英国发动机。这些不结盟的科技事后证实都没有太大的重要性。西班牙从 20 世纪 50 年代早期开始取得美国的飞机；埃及与印度则由苏联及其他供应者那里取得其飞机。

外国科技与一国社会主义

苏联是以外国科技为基础来自给自足发展的惊人案例。一国社会主义（Socialism in one country）是斯大林主义的中心教条，依赖的却是外国的专业知识。苏联，乃至整个苏联集团，都依赖资本主义国家（尤其是美国）率先开发出来的工艺乃至产品。有许多公司把它们的设备、技艺、人员和产品移转到苏联，其中之一是福特。苏联进口福特森拖拉机，以及福特的 A 型车与 AA 型卡车，并自行生产。福特重新整治在基洛夫生产拖拉机的工厂，且在高尔基市盖了生产卡车与汽车的巨大工厂。高尔基的工厂是苏联与福特在1929年签订合约的产物，它是苏联境内最大的汽车厂，在20世纪30年代末占苏联所有汽车产能的70%，每年生产约45万辆车辆。直到今天，高尔基工厂仍是俄罗斯最大的卡车与巴士制造厂，以及第二大的汽车制造厂。[46]另外还有两座生产汽车与卡车的工厂。莫斯科的AMO厂是利用美国设备重新建造的，它后来更名为ZIS，接着又更名为ZIL，其轿车和卡车是根据美国的设计而制造的。这座工厂是中国在1953年成立的第一汽车制造厂*的母厂，第一汽车厂在1956年到1986年间生产了128万辆解放牌卡车，它是ZIL150型四吨卡车的仿制品，是另一个长寿机型的例子。[47]

除了在1928年到1933年之间生产福特森拖拉机外，苏联还向美国购买了两座全新的拖拉机工厂，一座在斯大林格勒，另一座在哈尔科夫，†分别生产万国收割机的15/30型（International Harvester 15/30）拖拉机。在美国的农场，这型拖拉机取代了福特森拖拉机。第三座位于车里雅宾斯克的全新工厂斯大林内茨（Stalinets），生产开拓重工60型履带拖拉机（Caterpillar 60）。把福特森厂算在内的话，苏联在20世纪30年代中期总共有4座工厂，年产3万到5万辆拖拉机。[48]苏联的农业机械化靠的是美国设计的拖拉机。

斯大林主义其他的伟大象征同样依赖美国的专业知识。像是第聂伯水坝等许多巨大的水坝和水力发电项目，依赖的是美国的专家、技术工人、工厂与产品的设计以及大量的美国设备。在马格尼托哥尔斯克，著名的炼钢厂部分是由在集体化过程中丧失农田的富农仿制美国钢铁公司的工厂建造的。1931年在炼钢厂建造过程的高峰时，当

* 第一汽车制造厂即中国第一汽车集团有限公司的前身。——编者注

† 哈尔科夫（Kharkov），现今乌克兰东北部城市。——编者注

地共有 250 名美国人及其他外国人来指导马格尼托哥尔斯克的营建工程，其他地方也有这样的现象。[49] 苏联仿效的美国钢铁厂是 1906 年在印第安纳州靠近芝加哥的未开发地区兴建的加里厂，其命名是为了纪念当时美国钢铁公司（US Steel）董事长埃尔伯特 · 加里。因此在苏联，即便是以重要人物的名字来命名的工厂和城市，其根源却也是在美国。

二战期间有一波技术转移，但不是生产设备的转移。战后则有第二波技术转移，从航海用的柴油发动机和渔船到化工业，涵盖范围很广。在 20 世纪 60 年代苏联再度求助于西方的汽车设计和工厂。和菲亚特（FIAT）的一项交易提供给苏联一个巨大的新工厂（厂中大多为美国制造的设备），在 20 世纪 70 年代左右该厂每年可生产约 60 万辆菲亚特 124 与 125 型车的俄国版。这一车型在出口市场称为拉达（Lada），今天仍在生产。这座工厂现在仍是俄国最大的汽车制造厂，一年生产约 70 万辆汽车——这样的生产力是国际大厂的一半。这座工厂设立于伏尔加河畔的新市镇陶里亚蒂格勒（Togliattigrad），而它本身是一个巨大建设计划的一部分，此计划还包括伏尔加河上的列宁水坝。这个城镇的名称来自意大利共产党的领袖帕尔米罗 · 陶里亚蒂（Palmiro Togliatti），陶里亚蒂继任了遭受囚禁的葛兰西。葛兰西和陶里亚蒂都在菲亚特的故乡都灵求学与从政；葛兰西在监狱中写的一篇文章，成为 20 世纪末左派“福特主义”这个术语的来源。

苏联是个贫穷的国家，吸收外国科技及工业化的速度相当可观，而斯大林也为此付出大量的人命代价。其目标不只是要效仿，更是要创造出一个更新更优秀的社会，这样的社会要比危机重重而缺乏协调的资本主义更具有创新能力，也更能善用新科技。苏联宣称，没有显著私人所有权、长期以来未曾遭遇资本主义企业竞争的计划经济，终将证明其优越性。从 1957 年起，在斯普特尼克卫星发射之后，许多非共产主义者、甚至西方的反共人士，都转而相信苏联确实解决了新科技创新与使用的问题。赫鲁晓夫在20世纪60年代初期的著名宣言中表示，苏联将会超越资本主义；这不是他个人的夸大，而是表达对历史可能进程的长期坚定信念。然而，尽管苏联投入巨资用于研发，但它和它的人造卫星并没有引导世界进入新的科技时代。一般而言苏联是落后的，而其落后程度在20世纪七八十年代还在扩大。苏联历史学者罗伊·梅德韦杰夫很有说服力地宣称，列宁会很惊讶苏联的科技居然到了20世纪80年代还没能赶上资本主义世界。

古典的苏联观点认为所有科技都是一样的，关键是科技运作的背景，并宣称这是成败之所系。虽然苏联工人和资本主义工人同样在劳动分工的制度下生产，同样是按件计酬，但苏联工人（间接）拥有了生产工具。不过有些人认为苏联科技的进程不同于资本主义的科技。值得注意的是，论者宣称苏联科技有种特殊的巨大主义（gigantism）倾向。这种说法相当可疑，因为在美国也可以看到同样巨大的项目；事实上苏联是受美国这些计划启发。然而，毫无意义的巨大主义可能不少，像是从列宁格勒延伸200千米抵达白海的白海运河这个著名例子。这条运河在20世纪30年代早期建造，目前仍旧开放，但几乎没有使用。兴建这条运河动用了10万名工人，大部分是服刑的犯人，而且他们中的大多数显然在运河建造的过程中死了。

在1945年之后，苏联集团中技术最先进的地方不是苏联，而是东德。东德提出了“成组技术”，并大力宣扬这是种特别的社会主义科技。它的做法是把特定类型的机械工作分组，进行批量生产以提高效率。其想法是对零组件进行分析，并且设立机械团体〔又称为单元(cell)〕，来生产一系列相关的零组件。成组技术不是一种东西，而是一种把特定生产形式组织起来的手段，这种技术后来可以和资本主义完全兼容。然而，期待这种做法会带来的技术领先则从未实现。[50]东德还以出产特拉班特这种特殊的汽车著称，这是另一种极为长寿的机器。它使用合成车体和 500 cc 二冲程发动机。从 1957 年到 1989 年间它在同一家工厂生产，总共生产了 300 万辆，其产量高峰是 20 世纪 70 年代的每年 10 万辆。[51] 然而，即便在苏联集团内部也没人仿制这款车；它显然是在响应各种物资的缺乏，而不是汽车科技的大胆冒险。东德也有出现计划经济体系导致技术快速传播的罕见案例：东德的保健系统率先使用一套瑞士用来处理骨折的技术，这一技术后来得到广泛使用。[52]

国族 VS 公司

20 世纪最大的跨国机构不是社会主义者与共产主义者的第二国际、第三国际或第四国际，也不是国际联盟（League of Nations）或是联合国这类组织，而是在多个国家运作的公司（所谓的“跨国公司”），其中包含某些全世界最大的公司。这类公司中有些营收还超过某些小型国家，而且它们的成立与跨国运作，还早于大多数现代民族国家的形成。福特、芝加哥肉品批发商及通用电气、西屋与西门子等主要的电器公司，维克斯这类大型军火制造商以及胜家缝纫机公司，甚至在第一次世界大战之前就已经在世界各地运作了。

我们需要区分（本国的和跨国的）公司的技术能力和其母国的技术能力，检视公司及其历史，摄影产业是最好的例子之一。19 世纪末摄影工艺的知识集中于欧洲；然而到了 1914 年，伊士曼柯达这家美国公司主宰了全世界大多数国家的摄影。柯达必须和不同种类的公司竞争。英国一些专门的摄影公司在 20 世纪 20 年代合并成为依尔福有限公司，这是足够强大的替代选择。在德国等地，化工巨人法本公司使用爱克发这个商标名称的胶卷公司，是另一个关键竞争者。不同公司有不同的技术支持，并发展出不同的彩色摄影工艺。法本是世界领先的染料公司，生产出来的胶卷叫作爱克发彩色胶卷，内含冲洗胶卷所需的绝大多数复杂反应剂，因此业余爱好者与药店都能够冲洗它的胶卷。柯达在第一次世界大战期间发展出染料和细微化学物质的专业知识，能够生产出柯达克罗姆正片；这种胶卷依赖非常复杂的冲洗过程，因此只能在柯达的网络中以其设施冲洗。在 20 世纪 30 年代生产的柯达克罗姆正片和爱克发彩色胶卷使用的是“萃取”工艺。依尔福推出的杜菲工艺则是“添加式”的，它实际上创造出了三种不同的相片，每一种都占了影像的 1/3，这样的工艺不需要任何染料化学的专门知识。虽然英国在 20 世纪 30 年代已经拥有了这方面的专门知识，但依尔福这家公司却没有。

电视的早期史又是另外一个有趣的例子，不像合成染料的关键联系在德国，电视的主要关键在俄国。电视有两位关键技术领导者，分别是 EMI 的艾萨克 · 舍恩伯格和美国无线电公司的弗拉基米尔 · 佐利金；这两位都是俄国人，而且都在第一次世界大战之前在圣彼得堡的帝国工学院师从俄国的先驱鲍里斯 · 罗辛。[53] 佐利金在 1919 年来到美国，舍恩伯格在 1914 年来到英国。然而，此活动的关键组织是佐利金的雇主美国无线电公司。有两家关键的欧洲公司提供了现代电视设备，分别是英国的 EMI（舍恩伯格的雇主）及德国的德律风根，美国无线电公司对这两家公司都有投资，也和它们有技术联系。英国开发出来的马可尼 EMI 系统直接衍生自美国无线电公司的相关成果。更有趣的是，在第二次世界大战之前，美国无线电公司把大量的技术移转到苏联，其中就包括电视技术，以至于美国无线电公司的技术用在苏联电视广播的时间比在美国还早。[54] 英国、德国、美国和苏联，在 20 世纪 30 年代末都以美国无线电公司的技术为基础，以实验的形式发展电视。值得注意的是除了美国以外，在这些国家，电视就像广播一样受到国家的直接控制。

国族、帝国、种族

在思考20世纪科技史中全球与国族的关系时，很明显，物品、专门知识与专家随时都在跨越政治的疆界。这些疆界的重要性会随时间而改变，而且会彻底改变。疆界本身也会改变，国族并非永恒。此外，多民族的国家极为重要。苏联是个多民族国家，它的人口有一半不是俄罗斯人；在1943年之前它的国歌是“国际歌”。跨国的政治投入也很重要，意大利共产党的工程师在20世纪20年代前往苏联。第二次世界大战之后许多德国与意大利的技术人员在西班牙工作，也有许多西班牙专家在别的地方工作。西班牙的航空工程师在法国图卢兹的飞机工业服务，他们不愿意或是无法在奉行国族主义与强调自给自足的西班牙工作。[55] 就这点而言，苏联和中国在1949年与1960年之间的关系是最重要的。而最怪异的是中国和苏联决裂之后，和阿尔巴尼亚在20世纪六七十年代的政治关系。阿尔巴尼亚依赖中国的科技，但两国共同使用的语言是俄语，因为当时中国科技的主要来源是苏联，而俄语又是苏联主要的语言。

20世纪的大帝国也是重要的跨国族与跨族群的政治实体与科技实体。帝国不是历史的倒退，反而和特定的新科技有密切关联，像是远距离无线电广播、航空与热带医学。这些帝国持续到20世纪50年代，不只影响了科技，也影响了后帝国时代的关系。我们很少在印度看到法国车，或是在突尼斯看到英国车。

国族与帝国的疆界通常远不如国家内部与帝国内部的种族界线来得重要。对许多欧洲知识分子而言，科学与技术的优越感是极为重要的。[56] 许多关于发明能力的讨论，都特别和种族与文化的分析有关，超越了国族。美国白人认为黑人没有发明能力，以至于对发明进行开创性研究的社会学家表示，在计算每个国家的发明能力时，“把美国和英国领地的有色人种列入考虑是不智的，因为这些人和发明一点关系也没有”。[57] 20 世纪 20 年代另一个分析者论称，美国人的平均发明力低落，因为“黑人稀释了我们美国人口的发明力”。[58] 假使妇女在世界上不是如此平均分配的话，那么同样的论点也会用在她们身上。

美国军方实施种族隔离，黑人部队通常地位很低。例如在两次世界大战之间美国军方没有黑人飞行员。不过从 1941 年起，黑人飞行员隔离接受训练，然后加入隔离的飞行大队；要到二战之后美国的部队才解除种族隔离。贝尔电话公司也采取隔离措施，在第二次世界大战之前不雇用任何黑人接线员，战后受劳动市场情势所迫才开始雇用黑人。[59] 在两次世界大战之间有很多黑人汽车技工和出租车司机，但许多白人认为黑人是差劲的司机，缺乏机械能力。[60] 在 20 世纪后期没有任何地方比加州的硅谷更能象征新科技，那里的工作人员或许有 80% 是少数族裔，他们大多数是美国的新移民（许多人讲西班牙语），且大多数是女性，[61] 许多技术人员来自南亚和东亚。

当然有时候有人会颂赞他们的社群缺乏发明。著名的加勒比海马提尼克岛黑人诗人艾梅·赛泽尔颂赞：

> 那些从未发明火药或罗盘的人，
> 那些从未能驯服蒸汽或电力的人，
> 那些既不探索海洋也不探索天空的人，
> 那些从不发明任何东西的人，
> 那些从未探索任何事物的人，
> 那些从不宰制任何东西的人。[62]

但是包括那些依附理论者在内，还是有许多人悲叹“科技女神不讲西班牙语”（*La diosa tecnología no habla español*），意指讲西班牙语的人在研究与发明的世界中并不突出。[63] 西班牙散文作家，同时也是历史悠久的萨拉曼卡大学的校长米盖尔·德·乌纳穆诺，在 1911 年之前说：“发明是别人的事”（*Que inventen ellos*）。在那些希望西班牙的发明能够昌盛的人眼中，这句话恶名昭彰。今天萨拉曼卡大学的校长再也不会这么说了。一位“西方知识分子”在 20 世纪 60 年代左右撰写的文献中宣称，俄国人与“东斯拉夫民族”要比盎格鲁萨克逊民族“缺乏发明和想象的能力”。然而，苏联集团在许多方面都很具有发明能力，而且“苏维埃人”* 不是斯拉夫人。[64]

这些评论反映了精英发明活动里非常明显的参与差异。诺贝尔医学奖与科学奖只有 16 名非白人得主，而且没有一位是非洲人的后裔；尽管在美国这个诺贝尔奖得主人数最多的国家中，非裔美国人人口众多。[65] 诺贝尔的科学或医学奖的得主很少是讲西班牙语的，但有许多来自不同国家的西班牙语作家和诗人获得诺贝尔文学奖。拉丁美洲、非洲与部分亚洲地区很少产生专利，而北半球大多数地方，包括日本和韩国，则产生大量的专利。乌拉圭和巴西每百万人平均取得 2 项专利，而芬兰则是每百万人平均有 187 项专利。美国有个非裔美国发明家名单，但能够列出这样的名单意味非裔美国发明家其实为数不多。

种族与文化的区分并不仅限于发明。科技的使用在大帝国中有着明显的种族分配。在殖民地与次殖民地，帝国创造出富裕的欧洲人飞地，拥有汽车、电话、电力、自来水、电影等等。在上海租界区、突

* “苏维埃人”（Homo sovieticus）指的是那些生活在苏联及其他国家，只知服从、循规蹈矩的普通人。这个表达的流行归功于苏联作家、社会学家亚历山大·季诺维也夫（Aleksandr Zinovyev），他在他同名的作品中使用了这一词汇。——编者注

尼斯、卡萨布兰卡、伊斯梅利亚（Ismailia，在苏伊士运河边）、新德里、新加坡及其他地区，都有这样的地方。在较小的规模上，贫穷世界点缀着来自富裕世界的白人工程师与工人的飞地。在美国联合果品公司（United Fruit Company）拥有的南美洲和中美洲在香蕉庄园中，美国雇员住在特殊的住宅区。在20世纪20年代晚期与30年代初期，美国与其他国家的工程师在苏联有特殊的住宅和设施。

在帝国的领域，种族是重要的社会组织原则。白人科技去向哪里，白人技术人员就在哪里占主导地位。负责将船驶过苏伊士运河的驾驶员是英国人与法国人，而不是埃及人。印度拥有巨大的铁路网，而大多数的资深工程师是英国白人。在两次世界大战之间，出生于印度的白人在铁路网中的位置愈加重要，而混血的"盎格鲁印度人"或"欧亚人"在较低阶的工作也变得更加重要，后者的人数超过了10万人。然而，在20世纪30年代虽然有着大量的盎格鲁印度火车司机，但英国出生的火车司机也还很多。在荷属东印度，包括铁轨在内的铁路设备都是从欧洲进口的，直到殖民时代结束，只有某些车厢和枕木（由柚木制造）系当地生产。直到1917年和1918年，"没有一位火车站站员、站长或技工不是欧洲人"。[66]汽车则对当地人较为开放。[67]在1935年，拥有汽车的当地人只比欧洲人稍微少一点，而比拥有汽车的"外国东方人"稍微多一点；然而，拥有驾驶执照的当地司机是拥有执照的欧洲人数量的2倍，这些人应该都是担任私家汽车司机或出租车司机。[68]

服务印度与其他地方的庞大英国商船船队，有着特定的种族阶序。英国船队非常依赖由印度次大陆招募而来的水手，他们被称为"拉斯卡"（lascar）。1928年有超过52000名拉斯卡在英国船只服务，占所有人员的26%，占轮机舱人员的30%。雇用他们有特殊的规则，例如当航线穿过寒冷海域时。[69]根据地理、宗教和族群而加以区分：信仰天主教的果阿人服务船上厨房，担任侍者和仆人；旁遮普的穆斯林

图 17　纪念印度 1947 年 8 月 15 日从大英帝国独立的邮票，它显示了印度和现代性的命运有约。但印度后来设计建造的是喷气式战斗机，而非邮票上所绘的民用运输机。

则主导了轮机舱；甲板上的工作人员则包含了来自许多地方的穆斯林和印度教徒。[70] 不消说，这些船只的干部都是英国白人水手。

英国军队中由印度人组成的部队，配给的设备不如纯白人部队，也更为老旧；此外，这些印度人部队的军官主要是白人。[71] 印度海军与空军（在 1933 年创建）在第二次世界大战之前规模都很小。印度提供给印度人的非技术性高等教育，要比技术性教育来得更普遍；英国的技术教育要比印度的技术教育来得更具技术性。[72] 当日本人从英国人手中夺走马来亚之后，他们促进了马来人和印度人的技术教育及当地的工业化。[73]

难怪帝国主义的结束对于国族科技的发展如此重要，而从帝国挣脱出来的国族，则强烈地感受到不只要培养国族科技人员，还得发展国族科技。

亚洲与科技国族主义

日本是20世纪白人主宰科技时的一大例外，它在20世纪初期是个强大的帝国，对朝鲜和中国台湾等地区进行殖民统治；在两次世界大战之间，它是个重要的科技强国，被称为“东方普鲁士”，复制了英国强大的海军与棉纺织工业。即使在二战败北之后，日本仍控制着自己的经济。日本公司不只进口科技，同时也开始生产自己的科技。到了20世纪70年代，日本研发的表现跃居世界第二。与此同时它的汽车产业和消费电子产业对北美和欧洲的公司构成了严重威胁。就这点而言日本远比苏联成功，后者是另一个在科技进口与研发上耗费巨资的强国。

中国则是个和日本相当不同的案例。虽然国族主义一直是中国政治非常重要的一部分，20世纪70年代晚期的改革开放并未导致中国科技基础建设的强大发展。中国大部分的出口产品，特别是电子产业，主要来自由外国资金成立且为外国人所拥有的企业，而非国有企业或地方私营企业。中国出口的产品有许多是低科技的：纺织品、玩具及各种廉价商品。如果沃尔玛是个国家，它会是中国排名第八的贸易伙伴。然而中国的外资企业有个独特之处：大部分是东方企业，它们来自日本或由中国称之为“华侨”的群体创办，而非来自西方。在马来西亚、印度尼西亚与菲律宾，那些占少数的华裔，在这些后帝国国家的工业化与技术发展中扮演重要角色。政治结构以及族群和语言的连带以复杂方式相互作用。

然而在全球化的新中国，国族主义和国家调控持续发挥作用。尤里·加加林成为第一名航天员的四十多年后，中国在2003年将载人的神舟五号太空舱送入了太空轨道。

第六章

战争

由于毒气战的创新，第一次世界大战是化学家的战争；由于雷达和核武器的使用，第二次世界大战是物理学家的战争。而今伴随着信息处理的创新，我们正经历一场军事革命。关于科技与战争的关系，许多说法采用的是这个简单地以创新为基础的故事。然而，只要随便看一眼使用中的军事科技，就会很清楚这个图景有多么地误导。即便在 20 世纪末，战争仍如同数十年前一样，靠的主要是步枪、火炮、坦克和飞机。令人惊讶的是，这些战争科技的公众能见度非常低；如果我们前往世界各地重要的国家科学博物馆或产业博物馆，是看不到战争科技的。我们虽然可以发现飞机、雷达和原子弹，不过它们却被认为是民间科学与技术在军事上的运用。

这里有一个含蓄但影响深远的区分，一方是军事领域，另一方则被认为是民间的科学与技术。此一划分让人以为，20 世纪重大的武器创新基本上是民间科技在战争上的运用，平民化与整体化改变了 20 世纪的战争。[1] 换句话说，关键主题是 19 世纪晚期以来战争的工业化和平民化。[2] 战争让整个社会投入武器的大量生产中，工业化的战争使得工厂内的平民就像战场上的士兵一样，既是战斗人员也是被攻击目标。

我们经常把军队，亦即战争本身，视为过去遗留下来的产物。战争不是现代、民主、工业与自由贸易国家的作为。士兵，特别是军官，乃是古老农业时代与好战社会的遗迹，这些身份就像骑士精神一样，将随着现代性的迈进而消失。现代战争是新旧之间的悲剧性冲突。

传统的故事

关于战争与科技在20世纪的关系，传统的故事很不可思议地呼应了科技全球主义关于科技在全球史中位置的说法。这是个以创新为中心的故事，而且会谈到某些非常令人熟悉的科技。故事大致如下：19世纪晚期新的私营军火公司将钢铁冶炼与新化学等民间科技应用于武器制造，生产出新的枪炮、船舰、火药与燃料。这带来了新形态的战争，这种战争不只需要动员大量士兵，而且还需要整体动员民间工业。[3]20世纪新科技接下来的发展，更进一步革命性地改变了战争，并且使之平民化。飞机是关键的科技之一，它不只是民间工业的产品，同时也使得平民成为被攻击的目标。接着出现的原子弹是民间（或许甚至是爱好和平的）学院科学的产物。军事专家近来宣称，现在正出现所谓由信息科技所推动的“军事革命”，此一说法很有影响力。

平民的、科技的战争方式大不同于从前，而且变得更为优越。[4]伦敦科学博物馆的航空专家宣称，在20世纪40年代，“飞机不只使得全面战争成为可能”，而且还“逆转了所有的作战概念”，特别是造成许多平民的伤亡。[5]韦尔斯在1946年写到第一次世界大战时说：“先是齐柏林飞艇接着是轰炸机，使得战争穿越了前线，将越来越多的平民区域纳入其中。文明的战争方式坚持区分军人和平民，现在这个区分消失了。”[6]原子弹这个平民学院科学的荣耀，甚至更进一步带来了

图 18 全面、全球、平民的战争。日本于 1937 年 8 月 28 日轰炸上海南站之后，一个被吓坏的婴儿在车站哭叫。

由平民身份的奇爱博士（Dr Strangelove）* 所主导的新型战争。

传统故事认为，军方以外的平民因素推动了军事与战争的改变。如果要把军方划归某种意识形态，他们会被称为“军国主义者”；这个名词意味着落伍，甚至连作战方式都落伍。如欧内斯特·盖尔纳所说，“市民社会”（civil society）已经战胜了“军国浪漫主义”的国族。[7] 在历史上，弱鸡、娘娘腔和书呆子已经胜过了使用暴力的专家和暴力的歌颂者。军方和平民如此对立的观念是根深蒂固的。正如乔

* 《奇爱博士》是美国导演斯坦利·库布里克于 1964 年发行的喜剧讽刺片。片中的奇爱博士原本是德国纳粹科学家，后来担任美国总统的核武顾问。

治·奥威尔精彩地指出，韦尔斯作品中关键的对立是："一方是科学、秩序、进步、国际主义、飞机、钢铁、水泥、卫生；另一方则是战争、国族主义、宗教、王室、农夫、古希腊文教授、诗人、马匹。"[8]军方的浪漫主义一次又一次地被拿来对比启蒙的科学、技术与工业；尽管军国主义和现代性实际上在20世纪多次携手并进，但两者仍被认为是互不相容的。[9]在这种观念里，军事情报（military intelligence）、军事科学（military science）以及更令人惊讶的是连军事科技（military technology），都几近于矛盾修辞，*或许只有战争的技艺（the art of war）这层意义例外。此种说法主张，如果文化能够赶得上科学与技术的话，战争就不会发生了。"文化滞后"是战争的原因。

一般大多认为军方特别容易出现"文化滞后"。这点并不令人惊讶，因为军方本身就是过去残遗下来的东西。在科学与技术的故事中，军方总是抗拒新科技，有时他们有好的理由，但大多数时候没有。根据巴兹尔·利德尔·哈特这位军事专家在1932年的说法，"武器的进步速度已经快过了心灵的进步——特别是那些掌握武器者的心灵。每场现代战争都揭露出心灵适应缓慢所带来的滞后"。[10]另一位军人于1946年出版的一本开创性著作《武器和历史》（*Armament and History*）中警告："民间的进步是如此快速，因此可说没有任何军队在和平时期能够赶得上时代"。[11]刘易斯·芒福德生动地形容："值得人类庆幸的是，军队通常是三流心灵的避难所……因此现代科技出现了这样的吊诡：战争刺激了创新，但军队却抗拒创新！"[12]历史说法强化了这些故事中军方给人的印象。据说在第一次

* 矛盾修辞法指的是并置两个相互矛盾的词汇，来达到修辞效果；例如非法正义、黑暗之光等。这里指的是传统说法认为，战争本身就是陈旧落伍的事物，和进步的科学、技术、智能（intelligence，中文通用的译法"情报"不易传达出这种对比），是相互矛盾的。

世界大战之前，海军将领认为潜水艇不符合绅士风度，而将军们则非理性地支持使用军刀和马匹来对抗机关枪；甚至在战争期间，将军都还无法了解新形态战争的逻辑，而持续用旧的方式作战，导致数以百万计的生命毫无必要地牺牲。对两次大战之间军队的历史描写，经常出现轻视飞机威力的海军将士——尽管比利·米切尔在20世纪20年代已经强有力地展示了炸弹对战舰的巨大破坏力；而陆军军官则拒绝接受机械运输与坦克战争的逻辑。这类抱怨在第二次世界大战之后逐渐减少。然而，还是有人批评军方不愿意用直升机与精确制导武器取代坦克；飞行员也还不愿意放弃战斗机或轰炸机，即使在导弹已可取而代之的时代；海军则仍旧固执地坚持使用水面舰艇。*

抗拒新科技的军方需要具有创造力的私人平民部门带来新的科技。那些对军事科技抱着这种想法的人认为，军方保守派碰到进步的民间科技会带来不幸结果。和平时期的军事科技有着丑怪扭曲的性质。军方败坏了民间科技。飞机的军事起源及其意义，从过去到现在都一直受到系统性的忽视；20世纪30年代许多关于航空的文章，都视军用飞机为飞机的扭曲与败坏。这种说法认为，如果飞机能够自由发展，不受军事需求、奉行国族主义的政府和有钱人的干扰，飞机会按照比较合宜而正常的路线发展，甚至会带来世界和平。这种想法并未消失。有个理论认为，20世纪保守的军方一直想要现有战舰、坦克、飞机等武器的更强大版本，而不愿意改用新武器，结果形成所谓“巴洛克式的军火库”，† 既有的军事战争科技过度精致化，导致其效益逐渐降

* 水面舰艇是指在水面上航行、运作与作战的船只，区别于在水面下航行运作的潜艇。——编者注

† 此处以繁复、细致、夸张的巴洛克艺术风格来比拟复杂的武器系统。

低，甚至带来负面效益。根据此一模型，只有战时的危机状况才会使得军事保守主义遭到推翻，并且采用来自民间的全新科技与全新作战方式。然而到了接下来的和平时期，这些新的形式本身又会变回巴洛克式的。[13]

旧式武器与战争中的杀戮

上述说法有多可靠呢？之前我们以第二次世界大战时马匹在德军中的重要性，以及战略轰炸、原子弹和 V-2 火箭计划的成本效益分析为例，挑战了这些故事的某些要素。我们指出战舰和某些轰炸机漫长的服役寿命，同时也批评了民间科技全球主义者关于航空的说法；然而，该说的事情还有很多。

要探讨科技与战争，一个粗糙但必要的方法是提出这个问题：哪种科技在 20 世纪的战争中杀人最多？当然，在大多数战争中杀戮并不是关键目标，胜利才是；但是在 20 世纪的许多关键战争中，尽管主张使用新科技的人认为新科技的力量可以使战争短暂、具有决定性而且人道；然而事与愿违，杀戮是赢得胜利的手段。杀戮平民同样也成为赢得胜利的手段。

尽管焦点都放在新式武器，但却是那些旧式武器成为最大的杀手。1914 年到 1919 年的第一次世界大战，西欧对西线战场的印象就是新式机关枪和毒气是死神最主要的仆人。但专家知道事实并非如此。欧洲死于第一次世界大战的 1000 万人当中，大多数是士兵，在战斗中有 500 万人死于炮击，300 万人死于小型武器。西线战场出现了火炮操作的重要发展，流行的战争图景却很少呈现这点。第一次世界大战的最后几年出现了一场革命，尤其是在 1917 年到 1918 年的西线战场；根据最新的说法，它带来了“现代战争风格”。这包括中央指挥协调，根据情报（尤其是飞行观察员和空中摄影所取得的情报）所取得的地图，间接（根据地图）用数量庞大的重型火炮朝目标发射。这不是特定科技创新的结果，而是开发出一套新系统。这一系统运用拥有更多弹药的重型火炮，进行有系统的测试、发展远程射击的更大精确度，并且常规化地使用情报和通信。这是许多科技的组合以及新的组织模式。[14]20 世纪晚期“军事革命”的要素，事实上比一般说法早半个多世纪就已经发生。

尽管在两场世界大战之间有许多关于新形态战争的说法，但第二次世界大战事实上要比第一次世界大战更为倚重火炮。二战期间，光是苏联就损失了 1000 万名士兵；其中有一半是被大型火炮所杀，200 万人是被小型武器杀害，其余 300 万人在德国战俘营死于饥饿和疾病。从 20 世纪开始到 50 年代中期的所有战争，总计约有 1800 万人被火炮所杀，其中 500 万人死于一战，1000 万人死于二战，还有 300 万人死于其他战争。[15] 这使得火炮成为士兵最大的杀手。

在战争中，小型武器是仅次于火炮的死亡来源，到了 20 世纪中，它可怕地夺走了 1400 万条生命。特别是 20 世纪军队中无所不在的步枪。它是个好例子，说明了相对简单而广泛使用的武器的重要性，它也是一种很长一段时间保持不变的武器，即使最强大的军队所使用的步枪也是如此。英国基本上从 20 世纪初到 50 年代晚期，都使用同样的李–恩菲尔德步枪（Lee-Enfield Rifle）SMLE 型。这种步枪在全世界总共生产了 500 万支，使用者包括 1945 年拥有 250 万名士兵的庞大的印度陆军。在英国的前殖民地印度，英国制的李–恩菲尔德步枪（.303 口径）仍旧到处可见。美国陆军从 1936 年到 1957 年间使用 M-1 步枪。M-1 大型步枪大约共生产了 400 万支，M-1 卡宾枪总产量则接近 300 万支。此一步枪的改款 M-14，在 20 世纪 60 年代仍在使用。取而代之的 M-16 是新型步枪，重量较轻、使用更小的子弹（5.56 毫米），而不是使用李–恩菲尔德步枪的 .303 英寸（7.7 毫米）子弹，也不是M-1的.30英寸(7.6毫米)子弹，或北约标准的7.62毫米子弹。M-16步枪及其改款（包括 M-4 卡宾枪）同样得到大量生产，产量超过 700 万支，它目前仍在使用。

比起苏联的卡拉什尼科夫突击步枪（Kalashnikov assault rifle，通常有点误导地被称为 AK-47 步枪），这些数据是小巫见大巫。卡拉什尼科夫步枪是在 1947 年引入苏联军队的（因此被称为 AK-47），它使用 7.62 毫米子弹。1947 年的款式，在 20 世纪 50 年代被轻得多的 AKM（3.2 千克）取代。1974 年苏联军队开始采用 AK-74，这是个稍微改款的步枪，使用 5.45 毫米的子弹。不同世代的卡拉什尼科夫步枪在世界各地使用，不只苏联集团使用它，中国也用；它是解放运动的关键武器，前葡萄牙殖民地莫桑比克把卡拉什尼科夫步枪放在它的国旗上。但是美国及其他右派政权也提供卡拉什尼科夫步枪给他们所支持的游击队，例如阿富汗的“圣战士”。卡拉什尼科夫步枪的生产史相当惊人，据估计从 1947 年以来，总产量约 7 千万支到 1 亿支，而全球从 1945 年到 1995 年所生产的自动步枪总量也不过是 9 千万支到 1.22 亿支之间。卡拉什尼科夫步枪的耐用跟便宜是出了名的，它常被拿来和西方的“镀金”武器做对比。

二战后的突击步枪，能连续发射强而有力的子弹，而不只是单发，因而使小型部队的火力大为增加，让战争地区的平民付出巨大的代价。这种武器的持有者很容易就能屠杀整个村落的居民，就像美国部队在越南一而再再而三所做的那般。原本人们之间的冲突造成的死亡人数较少，但现在冲突可能杀掉更多人。自动突击步枪散播到非洲特别引人关切，这不令人意外。论者一再指出，新的轻型武器使得死亡扩张的趋势得以可能；因为年轻的男孩原本无法发射沉重的旧式步枪。在此之前，缅甸陆军有世界为数最多的儿童军人，他们被训练使用沉重的旧型德国G3步枪，这种步枪长达4英尺（约1.2米），要比某些受征召的儿童军人更高。[16]同样，参加私立学校军事干部部队的英国学童，长期以来使用沉重的李–恩菲尔德步枪来训练与射击。步枪的便宜和强火力改变了这一情况。

步枪是使得战争平民化的武器，这点远胜过飞机或毒气室。吉尔·艾略特（Gil Elliot）在他那本精彩的《二十世纪死者之书》（*The Twentieth Century Book of the Dead*）中指出，在1970年前后大约有600万名平民遭到屠杀，400万人遭到正式处决。我上面的论点也引用了他这本书中的一些数字。[17]相较于小型武器，另一个主要杀手是外力带来的饥饿和疾病，这点小型武器也发挥了重大作用，因为它是用来控制人群的关键武器。东欧犹太人的大屠杀不只是毒气所带来的，也是小型武器、饥饿与疾病所造成的。有刺铁丝网就像简单而致命的材料，发挥了囚禁人们的关键作用。[18]德国军队在东欧使用最原始的武器和技术，杀害将近3000万人。飞机或许在所有的战场杀了约100万人。近年来在非洲以小型武器进行的战争，也带来巨大的代价。第二次刚果战争（1998—2003）夺走了约400万条人命，其中大多是死于疾病和饥饿的平民。有人认为这使它成为1945年以来最致命的战争，不过这些人低估了在越南的杀戮。

杀伤力的吊诡

衡量军事科技的威力当然极为困难。就战舰和核武器的例子来说，某种程度上我们只能衡量爆炸威力，而不是实际或潜在的军事效用。我们可以通过考虑地面武器的例子来思考这个问题。20世纪的武器能够将更多的子弹射得更远，可以发射更多更重的炮弹。20世纪战争的伤亡人数超过从前的战争，这似乎和武器威力的增加是一致的。

然而，尽管这些武器的威力增加了，特定交战时间内战斗的伤亡（死亡、受伤与失踪）率却相当戏剧性地下降了。19 世纪败方军队的每日伤亡率，亦即每天失去作战能力的人员数目，大约是 20%，而胜方军队则大约是 15%。这个数字包括美国南北战争在内，但那时已出现相当程度的降低：在 1600 年左右，败军伤亡率是 30%，胜军 20%。然而，20 世纪的每日伤亡率急速下降，一战期间，败军伤亡率是 10%，胜军是 5%，在二战时也是如此；阿以战争时的数字则是败军伤亡率 5%，胜军伤亡率 2%。造成这个不寻常的悖论的，并不是战斗时火力的减小，而是当时的部队回应更强大的火力的方式。他们的疏散方式减少了伤害。在二战当中，如果像拿破仑时代的军队那样彼此贴近前进的话，炮兵部队可以轻易地消灭一整个军团；但像 20 世纪步兵军团那样分散前进，他们就成了更难以击中的目标。[19] 还有比这个更好的例子来解释科技使用的背景吗？

尽管用每日杀伤率来计算的话，武器的效力是降低的，可是战争的整体伤亡数字却增加了，这是因为战争的时间拉长了。从古代到 19 世纪，战争的实际交战时间通常只有几个小时；可是在 20 世纪则拉长到好几天、好几周、好几个月甚至好几年。尽管部队作战时每日所需的物资数量增加，但军需品却能够持续供应相当久的时间。

威力和效果——未使用的武器和无法使用的武器

飞机不是唯一具有巨大摧毁力却没有达到原先预期毁灭性与决定性效果的战争科技。庞大的无畏级战舰是 20 世纪初期最强力的武器之一。二战期间，使用这种战舰能够从极远的距离投射多次爆炸物，每次投射的重量等同于一架轰炸机一趟飞行所能投射的爆炸物重量。两次大战之间的战舰，可以将重达 1 吨的炮弹射到 30 千米之外；炮

图 19 轰炸机是致命的工具，但是强化水泥却有助于防御与撑过轰炸。这张在二战后所拍的照片显示的是希特勒在柏林藏身的防空洞入口（左）及其通风口（右）。希特勒在轰炸中生存下来，而在红军即将抵达前自杀。红军不是靠轰炸机来摧毁纳粹政权的，他们不得不通过巷战来打下柏林。

弹发射后要一分多钟后才会击中目标。[20] 通过计算机计算，它们可以击中数千米外的移动目标。

这些惊人的机器是海军力量的象征，可是它们很少发挥预期的作用。英国和德国的舰队在第一次世界大战很少交战，唯一的例外，是在北海的日德兰半岛交战了一天。奥匈帝国的无畏级战舰很少离开他们在亚得里亚海的港湾。在这场血腥的战争中，战舰和巡洋舰的损失相当低，其根本原因是缺少战斗。在日德兰半岛，英国损失了3艘无畏级战舰，德国损失了2艘；整个第一次世界大战只有6艘无畏级战舰与巡洋舰在战斗中沉没（加上20艘前无畏级战舰）。大型战舰的舰队，在第二次世界大战要比第一次世界大战从事更多的战斗行动；就许多例子而言，第二次世界大战的战舰跟第一次世界大战的战舰基本上是一样的，但第二次世界大战损失的战舰更多。日本损失11艘、英国5艘、德国3艘、美国2艘、意大利1艘（被德国击沉），苏联也是1艘。战舰的主要杀手是飞机和潜艇，1940年英国海军的空中武力，大大降低了意大利战舰的威胁；日本空军在珍珠港击沉2艘战舰（并且击伤了更多艘），不久后又击沉2艘英国战舰；在此之后，日本战舰遭受到来自空中的无情攻击。只有1艘英国战舰、2艘德国战舰和4艘日本战舰被敌舰击沉，但其总数还是高于第一次世界大战。

战舰在第一次世界大战和第二次世界大战的历史，点出了武器虽未实际使用、但威胁将要使用的重要性（第二次世界大战实际使用的情况比较多）。停留在斯卡帕湾*的英国战舰什么也没做，就对德国实施了惩罚封锁，导致数十万平民丧命。在第二次世界大战，德国战舰提尔皮茨号光是停在挪威的峡湾就带来惊人的效果，它从那里威胁开往苏联的商船队。未曾使用的科技在战争中的发挥了重要的作用，这

* 斯卡帕湾（Scapa Flow），位于英国苏格兰地区最北端的一处天然海湾。——编者注

样的例子充斥着20世纪军事史。第二次世界大战所有交战国对生物武器的研发及防御，都投入了巨大心力，这些武器大多数和第一次世界大战的类型相同，可是一直都没有得到使用。[21]芥子气是其中一种重要的毒气，要到20世纪80年代的两伊战争，人们才再度动用它。除了芥子气，第二次世界大战时研发的神经毒气也在两伊战争时才得到使用。在第二次世界大战之后，尤其是20世纪50年代之后，许多国家拥有比过去和平时期更为庞大的军力，北约和华沙公约国家彼此对峙，在欧洲尤其如此，而他们的军事装备有许多从未在战场上使用。其中最显著的例子是核武器，原本稀少的数量从20世纪50年代早期开始不断增加。这些武器不只没有得到使用，而且很快就变得无法使用。20世纪50年代引进的氢弹，威力是如此巨大，以至于只要任何一方动用一小部分氢弹，就足以毁灭整个人类文明。因此这不是使用的逻辑，而是吓阻的逻辑。

战争的科技决定论与经济决定论

从总体战是平民战争与工业战争的观点，衍生出的一个重要论点是，分析到最后，民间经济较强的国家终究会打败民间经济较弱的国家。这个论点得到相当多的支持，至少20世纪的两次世界大战是如此。在这两场战争中，德国及其盟国所能取得的资源，明显少于最终获得胜利的对手。然而，事实上国家的军事能力与国家的民间经济和技术力量，彼此之间的关联并不那么直接。面对经济上与技术上较强大的对手，一个国家（及其盟国）仍旧有可能取得快速的胜利。德国在1940年就做到了这点：德国并没有强过丹麦、挪威、荷兰、比利时、法国与英国的总和，但它在欧陆打败了这些国家。[22]德国最后输掉这场战争，但主要是输给苏联这个一开始在经济上和科技上都比他弱的国家。苏联虽然极为贫穷，而且在许多科技领域都很落伍，却能够生产大量的武器。苏联穷到非常缺乏纸张，一位苏联航空工程师说："但从另一个方面来看，战争那几年纸张又相当充裕，因为英国人和美国人寄给我们的机器，附带了数以吨计的单面打印的说明书，因此我们可在说明书的反面设计我们的喀秋莎火箭炮（Katyusha）和飞机"。[23]

甚至即使双方在其他方面都势均力敌，拥有较佳军事设备的那一方，也不见得能够在战役或整场战争中获胜。法国在 1940 年 5 月的下场，就是一个例子；英国强大的海军以及轰炸机帮不了法国人多少忙，但如果英国能有更多的地面部队，且配备更多的步枪与火炮的话，结果可能完全不一样。即便如此，就法国战场上的军事装备而言，情势不见得有利于德国：德国是通过奇袭、速度与大胆而获胜的。日本征服马来亚是另一个例子。这个以新加坡为中心、重要且发展良好的英国殖民地，在 1941 年晚期由数量庞大、装备良好的英国部队与殖民地部队镇守；然而，人数较少且科技较差的日本部队，却从北方的海上登陆。日军无法运来马匹，因此他们带了一些卡车，并且规划向当地人征用自行车。利用当地的技术，他们让每个步兵师都配备 6000 辆自行车（加上 500 辆卡车），沿着马来亚兴建完善的道路，进行一场非凡的"自行车闪电战"，迫使这个国家很快投降了。[24] 大胆的军事指挥加上征用自行车，让日本人赢得一场惊人的胜利。尽管日本和德国在早期获得精彩的成功，但最后他们的部队在战场上却是被压倒性的强大对手击败，他们的城市与平民则受到无情的攻击。将这两个国家彻底击败的对手，确实强调战争中的经济因素与科技因素。[25]

在第二次世界大战之后，科技作战是各强国军备努力的核心。从核武器到新的杀伤性武器、从新的通信科技到军事心理学与运筹学，军方将大量预算投注于研究、开发与取得新式武器和作战方法。从 20 世纪 50 年代开始一个显著的现象是，对付贫穷国家的空战与地面战争，其科技与工业强度远高于对付较富裕对手的第二次世界大战。美国平均每名兵员在空中、陆地与海上所使用的军火吨位数，朝鲜战争是第二次世界大战的 8 倍、越战是第二次世界大战的 26 倍。[26] 因此，双方死伤差距极为巨大并不令人意外。以美国为主的部队在朝鲜战争中使用的弹药数量，是美国在第二次世界大战中总用量的 43%，其用量可能是朝鲜与中国用量总和的 10~20 倍。盟军死亡人数 9.4 万人；另一方的军事伤亡人数则达 3 倍之多，朝韩平民伤亡的总数达到 200 万人。[27] 从 20 世纪六七十年代早期，美国在中南半岛以间接的火炮和空中轰炸来攻击一群看不见的敌人，使用的弹药数量是第二次世界大战的 2 倍。美军的死亡人数略低于 6 万人，南越部队的损失要高得多了，约略 27 万人；越南民主共和国部队则有 110 万人阵亡，越南平民的死亡人数可说惨无人道：光是南越就死了 20 万 ~40 万名平民，越南民主共和国估计越南共有 400 万名平民死亡。[28]

杀戮力量的悬殊并没有决定胜负，朝鲜与中国在苏联的帮助下，在朝鲜战争中与美国打成平手，更惊人且意义深远的是，越共所征召的越南农民和越南民主共和国正规军，打败了超级强权。胡志明小道的自行车击败了 B-52 轰炸机。这么弱的国家能够对抗美国及其现代武器，在世界各地带来了深远的政治效应。政治意志似乎可以击败军事力量和经济力量。对某些军人而言，这意味着必须回到过去的军事思维，而非依靠工程师量化战争的方式。这样的立场反映在《现代启示录》这部电影中。[29]

美国的被逆转对左派的科技思维有重大的影响。社会主义与共产主义运动过去深深坚信某种经济决定论或科技决定论，这是 20 世纪前 2/3 时期马克思主义的标准官方诠释。科技力量带来军事力量。因此对斯大林而言，经济发展与科技发展有其军事上的必要性。然而即便是这个传统，也出现了道德意志和政治意志能够打败科技优势武力的看法，尤其是把重点放在农民身上的中国毛泽东思想者认为，反动派与核武器同样都是“纸老虎”。西方马克思主义者在20世纪60年代也坚决抛弃“经济主义”乃至科技决定论，而强调政治行动、文化与意识形态。农民和学生而非富裕国家的产业工人阶级将形成新的革命先锋。

世界上许多地方都发生了游击反叛，胜利的可能在非洲和南美洲激发一波军事活动。一个惊人的例子是印度名为纳萨尔派的毛派游击队，他们目前仍是印度政府的反对力量，从20世纪60年代起在印度东部的部落地区取得惊人成功。他们有时靠的只是弓箭以及“乡下造的枪支”，包括燧发枪。[30] 然而到了20世纪70年代晚期，强国以及非社会主义运动也同样使用游击队来对付较为强大的军力。美国也见识到了游击队的力量，资助游击队攻击尼加拉瓜的合法政府，以及更重要的，20世纪80年代在阿富汗支持反抗苏联的伊斯兰主义农民战争。弱者发展出新的军事技巧，其中最引人注目的是自杀炸弹，斯里兰卡的“泰米尔猛虎组织”、以色列占领区的巴勒斯坦人都使用这种策略；美国在2003年主导入侵伊拉克之后，伊拉克反抗军更大规模地使用自杀炸弹。

伊拉克与过去

伊拉克过去二十年的战争史，为战争中新旧之间的复杂互动，以及天真的未来主义的危险，提供了许多实例。旧式战争在此开打，将军事革命付诸实施的未来战争据说也将在这里进行。

故事开始于1979年。与所有的现代性模型相抵触，一位残暴、现代化且受美国钟爱的君主，遭宗教领袖领导的保守力量推翻。1980年伊拉克攻击刚建立的伊朗伊斯兰共和国，在接下来8年的冲突中，

图 20　这是维克斯兵工厂在第一次世界大战前所制造的 15 英寸舰炮。此时这座舰炮还不为人知，它真正的战场是二战，而不是一战。维克斯兵工厂为英国战舰生产了超过 181 座这样的舰炮。二战时，这些舰炮大多仍在服役，而且动用它们的次数比第一次世界大战还多。

双方总计丧失约 100 万条生命。这是一场大规模攻击的战争，双方动用了火炮以及充当火炮使用的坦克车。战争中用了一些更恶毒的旧式武器。伊拉克大规模使用芥子气，其规模之大是第一次世界大战以来仅见〔之前意大利人曾在阿比西尼亚（埃塞俄比亚旧称）使用过芥子气，日本人也曾在中国使用过〕。这场战争首度在战场上使用塔崩，这种 1930 年发明的神经毒气，在 1984 年到 1988 年间被用来杀害伊朗人。

这场战争也是第二次世界大战以来，第一次大规模使用弹道导弹。该型导弹是 V-2 火箭的衍生产物。1955 年苏联开始部署一种以 V-2 为基础的导弹，后来被称为飞毛腿 A 型导弹（Scud A)。1962 年其衍生的飞毛腿 B 型开始服役，它成了导弹界的 AK-47。苏联在 20 世纪 70 年代提供此型导弹给伊拉克，伊朗则从叙利亚、利比亚与朝鲜取得同样的导弹。双方都用这种武器轰炸对方的城市。伊拉克必须对飞毛腿 B 型导弹进行相当程度的改装，才能击中德黑兰，并在 1988 年以此轰炸德黑兰数周。这段时期的冲突被称为“城市战争”。双方总共发射了数百枚飞毛腿 B 型导弹。1989 年苏联从阿富汗撤退的前夕，也提供阿富汗政府许多飞毛腿导弹，用来攻击伊斯兰“圣战士”的据点。

1991 年，美国在越战后首度策动重大战争，发动一场巨大的攻击，将伊拉克逐出科威特。1 月中旬展开的一场惊人的空中攻击里，美国使用了约 6000 吨“精灵炸弹”*（smart bomb)，以及大约 8 万吨“笨蛋炸弹”（dumb bomb)。结果摧毁了伊拉克的基础设施，包括电力供应、燃料供应以及通信。尽管战争中美国强调使用“精灵炸弹”斩首敌方的指挥控制中心，但事实上这是一场二战式的经济战争，只不过其强度和精确度特别高。美军 31% 的炸弹是由古老的 B-52 轰炸机所投掷，我们之前提到的二战美国战舰威斯康星号，也出现在战场上，并且用 16 英寸火炮对地面发动攻击。就像过去一般，战略轰炸的效果得到大肆宣传，但这种说法仍遭到强烈挑战。

尽管轰炸带来压倒性的破坏，但这对伊拉克军队作战能力的影响，却不如所说那般重大。伊拉克军队在地面上遭到美国优势地面部队扫荡，美国无须使用战略轰炸也可轻易赢得这场战争。这场地面战争惊人的实力悬殊，可见诸美国极小的伤亡和伊拉克程度不详的损失。正如某些美国分析者所说，这是在力强者胜的环境中，由第一世界的军队对抗第三世界的武力。[31] 但我们必须记住，双方地面部队都使用二

---

* 即激光制导炸弹。——编者注

战以来就很熟悉的武器：许多的坦克、野战炮、火箭炮以及大批携带步枪的步兵。

除了使用“精灵炸弹”之外，第一次海湾战争（1991）最引起大众注意的新科技，是美国部署的爱国者反导弹系统。反导弹系统是星球大战计划的关键部分，本身就充满争议性。在战争期间与战争之后，美国官员宣称爱国者导弹获得惊人的成功，它摧毁了96%向沙特阿拉伯和以色列发射的飞毛腿导弹。在遭到批评后，官方说法将此一数字下调到61%，并且宣称发射过来的44枚飞毛腿导弹中，有27枚遭到摧毁。根据美国军方的统计方法，61%的成功率，和“爱国者导弹连一枚飞毛腿导弹都没有摧毁”的已知结论，其实是完全相容的。[32]根据美国军方的计算标准，只要达成以下两个条件之一，爱国者导弹就算拦截成功：一、爱国者导弹能够击中计算机瞄准系统要它射中的地方（这点大多数时候都办到了）；二、飞毛腿导弹在地面上没有造成重大伤害或伤亡。因此，如果飞毛腿导弹没有射中目标，像是掉进海里、掉进沙漠或者弹头是未爆弹，那就算是遭爱国者导弹拦截。美国军方预设飞毛腿导弹是种100%有效的武器，但事实上它是种很差劲的武器。

2003年的第二次海湾战争再次使用了战略轰炸，这次美国陆军又马上取得胜利，很快就征服伊拉克全境。然而控制该国却困难多了，反抗作战使得美国这个格列佛巨人被绑在伊拉克中部。帝国主义军队和当地人之间的伤亡差距，在这次战争中变得前所未有的巨大，但美国却仍旧无法稳操胜券。

逼供

美国以反叛乱（counter-insurgency）作战方法来响应此一局势，

同时有系统进行审问逼供。通过伊拉克阿布格莱布监狱的照片，举世皆知美国的所作所为。但美军对逼供的解释一如往昔：那是未获授权的低阶士兵的作为，是军纪散漫的结果；但其实背后有更大的故事。第二次世界大战之前，逼供被视为纯属过去的兽性时代和少数外国残暴政权的作为，人们相信此行为即将消失，在文明社会不再占有一席之地。1940 年出版的一本逼供史中，关于 20 世纪的内容不多，而且里面几乎没有谈到任何新的发展。[33] 当然，纳粹和逼供有关，不过人们一般都认为纳粹是历史的倒退。然而，逼供在二战之后不但没有消退，反而繁衍滋生并且在技术上更加精进，相关人员不仅发明出新的逼供方法且更大规模地运用。逼供的应用成为常态，在许多例子中更是残酷却十分有效。

最现代的逼供方法是使用电击，有人宣称电击棒（*picana eléctrica*）是 1934 年在阿根廷发明的。[34] 法国人在中南半岛使用此一小机器的另一种版本，在阿尔及利亚更是大为倚重它。法国将技术出口到阿根廷与美国，接着流传到拉丁美洲其他地方以及越南。[35] 我们知道至少从 20 世纪 60 年代晚期开始，美国政府就帮伊朗等友好政权训练警察和军方的逼供技术与应用，其中一位指导员达恩 · 米特廖内以国际开发署（Agency for International Development）官员的身份作为掩护，在 20 世纪 60 年代晚期于乌拉圭首都蒙得维的亚的一间房子里设立逼供学校。根据小说里的说法，他先对部队与警官讲授有关神经系统的课程，但“他从未明言这些神经的敏感点之后会是电击棒的目标：他的整个课程就像是在医学院讲堂中进行一样，只使用最为简洁、中性的科学术语。”[36] 同一周不久之后，四个海滨拾荒者被带进课堂进行“个案研究”，他们先遭到电击棒逼供然后被杀害。恶名昭彰的电击棒成为南美洲逼供者在 20 世纪 70 年代“肮脏战争”所选用的工具。[37] 在那个年代，猖獗而不受节制的国家恐怖主义盛行，逼供是其关键工具：逼供被用在数以万计的人身上，大多数的受害者是年轻人。

战争、科技与20世纪的历史

20世纪大部分的军事科技都来自军方，而且战争以外的应用有限。就小型武器、火炮、爆炸物与坦克等例子而言，这点是显而易见的。上述名单还可以继续下去，尽管一般印象是民间科技暂时被运用于战争。我们已经看到飞机主要是一种军事科技，无线电起先也是种军事科技，而且长期以来都和国家权力有关。雷达是无线电重要的新运用，许多国家在两次世界大战之间开发出雷达，并且大多是在军事相关背景中。英国在20世纪30年代晚期安装雷达系统，而他并不是唯一这样做的国家；英国的雷达系统的建立得益于第一次世界大战以来的长期防空军事经验。[38]

甚至原子弹计划也是如此。人们常以为它是科学家的杰作，因此主要是民间和学院的产物，但其实它是由军方及相关单位指导的。这个计划的主持人是军方工程师莱斯利·格罗夫斯陆军准将，而不是学院物理学家罗伯特·奥本海默。杜邦是参与计划的多家大型工业公司之一，它不只是家化工公司，长期以来也是美国军方的炸药供应者。[39]和原子弹有关的许多理论工作不是核物理学，而是流体力学，这门科学是空气动力学的核心。原子弹不只是新机构和新科学的产物，也同样是旧机构和旧科学的产物。和以民间创新为中心的图景相反，原子弹的发展，军方的角色其实重要多了。

结果我们不只低估了军事机构对军事科技的贡献，也低估了军事机构对民间科技的贡献。民间航空工业不过是核心军事工业的分支罢了；核电是核弹与核潜艇反应堆的副产品；无线电和雷达在很大程度上也是军事科技的副产品。早期的控制理论（control theory）与计算机计算则是海军重型舰炮控制相关问题的副产品。[40] 还可以举出许多名词和科技，其中最显著的包括计算机与因特网，乃至日本的相机公司尼康。[41] 其中有些例子曾被用来为军事支出辩护。另一些时候，民间科技的军事起源则被用来呈现军国主义对现代性的负面影响，[42] 其中一例是计算机数字控制机床，这是美国空军在20世纪60年代为了制造飞机而引进的，之后传播非常广泛。军方经费将科技推向更为威权的方向，现代科技并没有解放我们，它们不是革命的力量，而是保守的工具，旧的权力关系通过新的科技延续下来。

飞机、无线电、雷达与原子弹都应该和枪炮、坦克、制服以及军团旗帜一起放在军事博物馆里。将军方设想为不愿意采取新事物的过去残留物；这是徒劳无益的思考方式。相反地，军方是新事物的关键塑造者。军方连同那些表面看来古老、实则形塑了20世纪战争的武器，在科学博物馆和科技馆中也应该要有一席之地。但这两种博物馆都不太可能会有杀戮科技的展示区。下一章将探讨杀戮的科技。

第七章

杀戮

20 世纪非军事的杀戮科技史，常被放逐到恐怖展览、黑色博物馆以及变态的私人收藏里。除了种族灭绝纪念馆这样的特例，受人尊敬一点的博物馆无杀戮科技的容身之地。杀戮科技的博物馆会迫使我们面对很不舒服的问题。一般认为杀戮就像战争与军事一样，是野蛮的事物，已为文明化过程所抛弃。然而，对一切生灵的杀戮在 20 世纪其实加速了，而且是戏剧性地加速。对植物、细菌、昆虫、牛、鲸、鱼类以及人类而言，20 世纪是谋杀的世纪。文明化过程并没有减少杀戮，它只是将杀戮排除到公共场合之外，无论处决罪犯或杀鸡皆然。

把杀戮放回 20 世纪史，是探讨新旧互动方式特别有力的方法。这个故事以出乎意料的方式包含了国族主义、全球化、战争、生产与维修。它特别能够扰乱我们对科技的时间感，以及对重要性的认知。

杀戮的创新

以创新为中心的 20 世纪杀戮史，会把焦点放在对昆虫、植物与微生物的杀戮，这主要和农业有关，但不全然如此。在 1900 年左右，农夫拥有的杀戮技术并不多：少数几种杀虫剂和杀真菌剂以及锄头。

20 世纪出现许多专杀小生物的新化学制品，20 世纪三四十年代是特别创新的时期。一位法本公司的化学家在 20 世纪 30 年代发明了有机磷酸酯类杀虫剂。有机磷酸酯是战后有机杀虫剂中具有关键重要性的一种，另一种是氯化的有机化合物。这些杀虫剂的第一种也是最有名的一种是 DDT。DDT 先是用来杀虱子和蚊子，随后变成一种多功能而普遍使用的杀虫剂。其他许多新杀虫剂陆续出现，在 20 世纪 70 年代 DDT 的使用逐渐受到限制后，这些杀虫剂仍继续使用。化学除草剂在 20 世纪 40 年代也出现剧烈的改变。最主要的新型除草剂是 2,4-D，惊人的是，它是由不同研究团队同时发现的：共有四个团队（两个在英国，两个在美国）同时发现了这种除草剂。[1]

DDT、有机磷酸酯以及 2,4-D 和其他的除草剂，是富裕国家绿色革命的关键要素。这些化学物的运用改变了生产与景观。除草剂使得杂草大量死亡，留下单一作物的田地。昆虫不只受害于杀虫剂，也受害于单一作物的耕作方式。这些强力的化学制品为乡村引进了新的隐形危险。自然学者与科学作家蕾切尔 · 卡森在 1962 年出版《寂静的春天》，这本科学行动主义的伟大著作揭露了这一点。

杀虫剂也用于战争。DTT 在第二次世界大战广泛应用来清除疟蚊，以及用来控制传染斑疹伤寒的虱子。美国的化学战部门则寻找 2,4-D 可能的军事用途。20 世纪 60 年代在东南亚有个名为“牧工行动”（Operation Ranch Hand）的计划，使用 25 台飞机，总共喷洒了 1900 万加仑（约 7192 万升）的除草剂，企图摧毁越共的经济基础与掩护。恶名昭彰的“橙剂”（agent orange），不过是包括 2,4-D 在内的多种标准商业除草剂的特定组合。[2]

20 世纪对微生物的杀戮也出现许多创新。其中最著名的是用来杀死人类身上细菌的新化合物，像是洒尔佛散（Salvarsan）、20 世纪 30 年代的磺胺药物（sulphonamide），以及最重要的在 40 年代人们研

图 21　在理应公开透明的 20 世纪，连动物屠宰都隐秘进行；不只公众不得而知，连摄影师也看不到。在 19 世纪晚期可以看得到美洲大屠宰场的立体照片，包括这张动物正在被宰杀的罕见影像。原本的图说写道："宰猪，阿穆尔的大肉品包装商，联合肉品加工厂，芝加哥，美国。"（Sticking Hogs, Armour's Great Packing House, Union Stockyards, Chicago, USA.）

发的盘尼西林（青霉素）。这些化合物不仅应用在人类身上，也应用在动物身上。在近年才产业化的养殖业里，它们对密集圈养动物的疾病防治是不可或缺的；它们还有其他的用途：20 世纪 40 年代发现盘尼西林可以让鸡长得更快，原因现在还不清楚。结果在 50 年代美国生产的抗生素当中，有 1/4 是被加到动物饲料里；到 90 年代这些化合物产量高得多了，增加至 1.5 倍左右，其中大多用来促进家禽家畜的生长。[3]

20 世纪带来了抗病毒药物的创新：20 世纪 50 年代开发出疱疹、

图22　这张照片或许是在第二次世界大战时拍的，图中的人正在示范使用DDT来杀掉虱子以便控制斑疹伤寒。在北非和南意大利，DDT预防了斑疹伤寒的大规模爆发。

小儿麻痹与天花的疗法，虽然后两者稍后被免疫接种取代；70 年代的阿昔洛韦；[*] 80 年代用来对付艾滋病的 AZT。1957 年推出的制霉菌素（Nystatin），大为改进了霉菌感染的治疗。此一药物相当不寻常，因为是由两位在政府部门工作的女性科学家申请了专利，她们的工作地点是纽约卫生局（这是药名的由来）。20 世纪 60 年代则出现了达克宁。[†] 氯胍以及氯喹等新的抗疟疾药物，则来自美国和英国在第二次世界大战期间投入庞大资源的研发努力。从来没有人评估过这些新的毒物杀死了全世界多少病毒、细菌、霉菌、变形虫、昆虫与植物。

就杀害高等动物而言，以创新为中心的博物馆所能展出者实在乏善可陈。最主要的杀戮科技还是用刀锋割断喉咙，虽然在杀鸡等例子上，此种科技已经机械化了。一般而言，鱼仍旧是在渔网中窒息而死，鲸也还是死于鱼叉。唯一重要的创新是电昏动物的科技。

杀人的创新史则较为人所知。芥子气及光气（phosgene）在第一次世界大战带来了化学战；第二次世界大战则出现了核战和细菌战。这些领域随后还有更多的创新。20 世纪 30 年代有人注意到有机磷酸酯类杀虫剂对人类的毒性极高，这带来了有效的“神经毒气”。塔崩毒气以及沙林（Sarin）毒气是德国在二战时生产的；沙林在 20 世纪 50 年代变成标准的神经毒气，在英国等地生产。卜内门化学工业这家公司在 20 世纪 50 年代引进一种新的有机磷酸酯类杀虫剂，却发现其毒性太高而无法使用。此种杀虫剂被转移到美国后，变成一种新的化学武器“V 系列毒气”（V-agent）的基础。[4]这些毒气中 VX 是美国和苏联化武的核心成分。铀弹和钚弹带来了各种威力更强的热核武器，以及设计来杀人而不会破坏建筑物或设施的中子弹，还有各种让人毛

* 阿昔洛韦（Acyclovir），主要用于治疗疱疹。——编者注

† 达克宁（Daktarin），抗霉菌药物。——编者注

骨悚然的生物制剂，再度证实长荣景期非常多产。

除了战争这个例子以外，以创新为中心的叙事鲜少值得参考。起先是美国在 20 世纪 20 年代发明了毒气室（电椅是 19 世纪晚期的创新），然后又是美国在 80 年代引进注射死刑。除了美国之外，只有德国这个国家出现在此一叙事里。大屠杀（the Holocust）中使用的齐克隆 B（Zyklon B），既是杀人的重要创新，也构成理解现代性的最大问题。以创新为中心的叙事会把奥斯威辛视为人类死亡的现代大工厂。

相较于目前对于杀戮的忽略，以创新为中心的杀戮史会是一大进展。然而就杀戮而言，以创新为中心的研究取径，其缺陷也特别地明显。因为我们都知道，古老的杀戮手段还在持续使用，特别是用来杀人和杀高等动物，像是屠刀、绞架、断头台或电椅。就像战争一样，杀戮的科技让我们看到许多寿命很长的、消失中的、重新出现的与不断扩张的“老”科技的例子。如果没有注意到这点，我们将难以理解杀戮的历史。

捕鲸和捕鱼

捕鲸常被认为是 19 世纪的产业，它为人类提供油灯用的油以及用鲸骨制造的女性束腰，但在 20 世纪 20 年代发生了一场革命，新形态的捕鲸在南极海域追猎难以捕捉的须鲸（这类鲸包括蓝鲸、小须鲸与座头鲸），以架在甲板的鱼叉这项 19 世纪的发明来进行杀戮。当时希望会有新的杀戮方法来取代这项技术，但是渔网、毒药、气体注射以及步枪，都没有办法达到更好的效果。德国工程师阿尔贝特 · 韦伯从 1929 年起，在挪威研发以电击的方式来杀死鲸类，并在 20 世纪三四十年代持续试验此一方法；然而，用现代电力取代野蛮鱼叉的愿望最后并没有实现，还是得靠 19 世纪的杀戮科技。[5]

对人造黄油的需求与经济国族主义，推动了捕鲸的极大扩张，让此一杀戮技术获得空前的使用。早在 1914 年之前人们就已经开始将鲸油氢化来制造人造黄油，到了 20 世纪 30 年代这成为鲸油的主要用途。全欧洲所使用的人造黄油，有 30% 到 50% 来自这种制造方法。[6]从 1930 年到 1931 年，大西洋沿岸诸国鲸油的产量相当于法国、意大利与西班牙橄榄油产量的总和。鲸油制人造黄油的主要消费地为德国、英国和荷兰，联合利华这家英国与荷兰的跨国公司是主要供货商。1933 年纳粹开始推广用德国奶油来取代人造黄油，强调人造黄油使用的是鲸油。但是联合利华却被迫资助建造悬挂德国国旗的捕鲸船队，使得德国首度成为捕鲸国家。脂肪对于国家安全很重要。

新的捕鲸业包括在海上加工船里对鲸进行加工，加工船由船尾的斜坡将死鲸拉进船舱。第一艘海上加工船瓦尔特拉乌号（*Walter Rau*）在德国建造，船名来自德国最主要的人造黄油加工厂老板；这艘船在 20 世纪 30 年代中叶前往南极海域。在开始运作的第一个捕鲸季，它总共加工了 1700 条鲸，从而生产了 18264 吨的鲸油、240 吨的抹香鲸油、1024 吨的鲸肉片、104 吨的鲸肉罐头、114 吨的冷冻鲸肉、10 吨的鲸肉精、5 吨的鲸干、21.5 吨的鲸纤维，以及 11 吨用来做医学研究用的鲸腺体。[7]在 1938 年到 1939 年间，德国拥有 7 艘海上鲸加工船，其中 5 艘是自有的、2 艘是租来的，这段时间日本也开始大规模捕鲸。到了第二次世界大战后，德国有数年时间被迫停止捕鲸，但是其他国家使用了德国的海上加工船。[8]捕鲸业欣欣向荣，多达 20 艘海上加工船在南极海域作业，这数量超过从前，但是捕获量从来没有超过 20 世纪 30 年代的高峰，并且在 60 年代急转直下。[9]20 世纪消失掉的动物当中，鲸是最重要的案例之一，其状况比大象还极端。

捕鲸和捕鱼工业的发展密切相关，而后者则又和冷冻技术关系密切。长久以来渔港就有大型的冷冻工厂，制造冰块让渔船可以在海上冷藏渔获；然而在肉品冷冻成功之后，有几十年的时间人们是无法在海上将鱼冷冻。此一技术的主要推动者是海军指挥官查尔斯·丹尼斯顿·伯尼爵士，他在第一次世界大战时发明了扫雷艇，他也是20世纪20年代在英国推动飞艇的关键人物、曾任保守党的国会议员。他发明了新的冷冻设备，并且将他的扫雷艇改造成拖网渔船。伯尼将一艘战时的扫雷艇改装为第一艘船尾拖网渔船，这艘1500吨的费尔佛利号（*Fairfree*）由船尾将渔获拉上，就像鲸加工船将死鲸由船尾拉上一样。苏格兰的船运与捕鲸公司克里斯蒂安萨尔韦森（Christian Salvesen）在1949年买进了费尔佛利号，接着该公司建造了第一艘全新设计的船尾拖网加工渔船费尔崔号（Fairtry）。[10]

就像许多创新的例子一样，发明新技术的国家不见得最善于利用它。苏联订购数艘仿造费尔崔号的渔船，起先在德国建造，后来则在苏联本地建造。[11]第一艘苏维埃冷冻拖网渔船“普希金”号在1955年开始服役，苏联的船队很快就主导了全球海上加工渔捞，特别是使用苏联在20世纪60年代引进的BMRT渔船。苏联船队大过其他国家船队好几倍，并且首创将海中鱼群一网打尽的做法。渔获量的提高，使得海中鱼群的数量大为减少。纽芬兰大浅滩的大渔场在1968年达到渔获量高峰；接下来它的渔获量急转直下。[12]然而尽管特定地区的渔场遭到摧毁，海上加工捕鱼仍继续扩张。最现代的船只，如6000吨的GRT级美洲王室号（*American Monarch*），一天能加工1200吨渔获。目前全球每年的总渔获量是1亿吨，因此只要有300艘这样的船，就可捕捞目前全球的总渔获。[13]这样一艘新渔船的渔获量，就占了爱尔兰15%的总渔获量。

当然海上加工拖网渔船不是捕捉与杀害鱼类的唯一方法，全世界还有大量各式各样的渔船，世界各地的造船厂仍旧用木头材料来制造渔船，虽然这些渔船还会装上发动机、雷达和合成纤维渔网。在全世界的渔船队当中，这些新的混合技术就和加工拖网渔船一样新颖。其他类型的捕鱼技术也在扩张，例如，加里曼丹岛海岸近年出现了用竹子制作的捕鱼陷阱。

屠宰场

一百多年前，在19世纪即将结束的时候，英国作家乔治·吉辛造访贫穷的意大利南部，寻找古希腊与古罗马的文明遗迹。在雷焦卡拉布里亚，他发现少数值得他赞赏的新颖事物：一座“美观的”建筑物，起先他以为那是一间“博物馆或美术馆”。随后他惊讶地发现这座“地点良好的精致建筑其实是该镇的屠宰场”，他认为这是“先进文明奇异之处”，并惊讶于“屠斧及屠刀”竟然用这样的建筑来自我宣示。他有种奇怪的感觉：“好像误入那些奇幻作家所预设的未来世界，那里的屠宰场是品味高雅的建筑，坐落在柠檬树和椰枣树的果园中，让人想起那些不想吃素的改革家的梦幻理想。”[14] 当时的进步思想家，像是吉辛的朋友韦尔斯，受到了素食主义与素食主义未来的吸引。

在大西洋彼岸，另一位作家正要描绘另一个很不一样的屠宰场。厄普顿·辛克莱在1906年出版的伟大社会主义小说《屠场》中，描绘了受商业主宰、繁荣而腐败的芝加哥。他所讨论的大企业包括了大型肉品公司，相较于欧洲最现代的城镇屠宰场，这是个天差地远的世界〔另一个受提及与赞许的是万国收割机厂（International Harvester factory)〕。这是种新型的大型工业，有着惊人的生产方法，以及控制工人和政府的空前能力。联合肉品加工厂(Union Stockyard)四周是“一平方英里的触目惊心”，在那里“成千上万的牛挤进围栏中，木制地板散发出臭味和传染物质”。还有“简陋的肉品工厂”里面“血流成河、一车车湿软的肉、萃取槽和炼制肥皂的锅炉，制胶工厂和肥料槽，闻起来像地狱坑一般。”[15] 在那里“用机器来制造猪肉，以应用数学来制造猪肉”。这个“杀戮机器不断运作……就像某种在地牢里犯下的可怕罪行一般，一切都不为人知，不为人注意，埋藏在视线和记忆之外”。[16]

小说的主角是个变成了社会主义者的立陶宛裔移民。他得知牛肉托拉斯是“盲目而永不餍足的贪婪之神化身，是个用千口吞噬一切、用千蹄践踏一切的怪兽；是个大屠夫，是资本主义的精神化为肉身。”牛肉托拉斯使用的方法是行贿和腐败，从城市中偷走水源，命令法官将罢工者判刑；它压低牛的价码，毁掉屠夫的生计，控制肉品的价格，控制所有冷冻食物的运输。[17]

想了解这些散发恶臭的死亡工厂的独特与重要性，最好的办法并不是跟随数以千计的意大利卡拉布里亚人横渡大西洋，前往北美和拉普拉塔河口区；* 而是在一个世纪之后，逆着欧洲移民前进的方向，进入欧洲，往地中海而行。20 世纪突尼斯沙漠中的几条主要道路，两旁点缀着相同模样、密密麻麻的小建筑物；其中许多建筑旁边绑着几头活羊或挂着还没剥皮的羊屠体。这是肉店和餐厅。道路交通繁忙，但过客可以坐在没有餐具的塑料桌子旁，吃到刚从悬挂着的羊屠体上割下、在金属薄片烤肉架上草草烹煮的鲜美羊肉。此等景观显然不是过去的残留物，亦非吸引观光客的景点。这是种新事物：赶路的突尼斯汽车与卡车司机用餐的路边烤肉店。

沿着马路可以看得到一些比较高档的同类餐厅，剥了皮的羊屠体放在路边餐厅外的玻璃冷冻柜展示，餐厅有比较精致的设施，也看不

* 拉普拉塔河口区（River Plate），西班牙文为 Rio de la Plata（River Plate 是英式英文的名称），是乌拉圭河（Uruguay River）与巴拉那河（Paraná River）交会后出海口形成的海湾区，位于乌拉圭与阿根廷边界。参见维基百科。

到活羊。冰箱在此地是富裕的标志，就像数十年前的意大利南方人一样；南意人在战后的经济荣景期，首度接触到北方乳制品以及许多新食品工业产品的美妙滋味。

冷冻是20世纪新的全球化食品产业的关键，人们采用冷冻技术来保存鱼类、肉类、水果、奶油、奶酪和蛋。[18]冷冻对肉类特别重要，因为它让新的全球肉品供应系统得以实现。1911年版的《大英百科全书》宣称，“在铁路与蒸汽轮船之后，对英国的经济环境，影响最强烈的就是冷冻技术（对美国影响相对小一点）。”这是个很重大的断言，因为冷冻技术看来不似如此重要，也因为很少有人能够记得在第一次世界大战之前，进口到英国的冷冻食物有多么重要，或是冷冻食物对全球经济有多重要。在20世纪晚期，这一主张变得更强有力，不只适用于英国和美国，还适用于全世界，因为这时冷藏车已经携带各式各样的物资纵横全世界，人们称之为“冷链”。[19]这些冷冻运输设备有许多是由一家名叫冷王的公司所制造的。从1940年开始，发明家弗雷德里克·琼斯（1893—1961）拥有专利的冷冻设备，就由这家公司生产。琼斯是第一个荣获美国国家科技奖章的黑人（大家都视他为黑人，尽管他爸爸是白人）。这行业的另一家主要公司是开利空调，它在20世纪初期率先引进冷气空调。《时代》杂志在1998年将这家公司的创办人威利斯·开利博士，列入20世纪最具影响力的百人录。

冷冻有替代科技，即便肉品冷冻也是如此。例如，早在引进冷冻技术数十年前，拉普拉塔河口区就是全球肉品系统的中心。乌拉圭在1910年之前的主要出口产品是咸牛肉干（被称为*tasajo*或*carne sec*），这种食品本来是给美洲的奴隶吃的，现在则用来喂养他们的后代，特别是在巴西和古巴，咸牛肉干仍出现在他们的菜色中。克里奥尔牛宰杀后在腌制场（*saladero*）处理，同时在厂中生产牛皮及其他产品。乌拉圭的弗赖本托斯也是腊肉品新的主要大型出口中心，那里有座特别为李比希肉精公司盖的工厂。著名化学家尤斯图斯·冯·李比希发明了肉精，1899 年后肉精在英国市场被称为 OXO。“弗赖本托斯”这个品牌在英国市场以肉罐头出名。

冷冻技术使得肉品长途贸易有长足发展。芝加哥这个城市在 19 世纪晚期因为生产咸猪肉而发展，咸猪肉装在肉桶里卖到外地市场；后来当地人则将肉品用冰块冰起来，用铁路运送到东部城市。稍后肉品则是用机械方式加以冷冻与冷藏。芝加哥肉品批发商借着大量牛供应而成为大公司，斯威夫特（Swift）、阿穆尔（Armour）、威尔逊（Wilson & Co）、莫里斯（Morris）以及卡达希（Cudahy）和牛肉托拉斯也是如此。美国的肉品公司是重要的肉品出口商，包括咸牛肉、罐头牛肉以及冷冻牛肉，但到了 1900 年，光靠美国一地已经不足以供应全球市场。英国是最主要的市场，有一半的肉品是由国外进口，占了全球肉品贸易的 70% 到 80%。在英国某些地方，这个进口比例还要更高。

图 23　两次世界大战之间的乌拉圭弗赖本托斯，照片展示的是岸边的冷冻肉品仓库。这座工厂 19 世纪 60 年代就已经存在，最初的产品是李比希牛肉精。工厂一直营运到 20 世纪 70 年代，而现在则被保留为工业革命博物馆。

例如伦敦在20世纪20年代消费的牛肉，80%是进口的，其中大部分来自阿根廷。事实上，英国大部分的肉品来自跨赤道的贸易：来自拉普拉塔河口区、澳大利亚与新西兰。1912年在南半球已经有4座每天能够冷冻超过500头牛的工厂，而这些工厂都在阿根廷。[20]芝加哥肉品批发商和英国公司在这门生意中同样重要。

乌拉圭第一座冷冻肉品厂要到1904年才开业。斯威夫特则设立了乌拉圭的第二家冷冻肉品厂，名为蒙得维的亚冷冻肉品厂（Frigorífico Montevideo）；阿穆尔则设立第三家，名为阿蒂加斯冷冻肉品厂（Frigorífico Artigas）。20世纪20年代早期英国的维斯蒂家族收购并且重新改装李比希的工厂，设立了第四家冷冻肉品厂，称为盎格鲁乌拉圭。以联合冷藏为中心的维斯蒂集团，在两次世界大战之间成为全世界最大的肉品企业之一，足可和美国的肉品公司巨头相抗衡。维斯蒂集团不只拥有屠宰场，还拥有航运公司（它在1911年设立了蓝星航运）与冷冻设施，并且在英国拥有庞大的连锁肉店（营运至1995年）。[21]20世纪国际贸易有个很少受到注意的特色，而维斯蒂公司是最早的例子之一：这种贸易不是在国家之间进行，而是在公司之间进行。

最老的工厂被政府接收并供应地方市场，而斯威夫特、阿穆尔以及弗赖本托斯的工厂则出口其产品。杀戮如何进行呢？两次世界大战之间在弗赖本托斯工作的一位冷藏工程师，提供了相关的描述。杀戮在长宽各30米的三层方形建筑中进行。牛从斜坡走上三楼，在那里它们被屠斧打昏，接着被吊在输送带上割开喉咙放血。然后屠夫将它们从输送带放下剥皮，之后再次放到轨道上运送，进行进一步处理。牛皮和内脏从斜坡滚下，内脏滚到二楼，牛皮则送到一楼。牛身被切成两半，接着通过一百米的封闭斜坡，牛半身被运送到河边一座四层的冷冻工厂，再由冷冻工厂经由加盖的道路运送到冷冻船只。[22]不过还有许多其他工作在进行，因为牛的每个部位都得到利用。“去脏”（dressed）的牛身减去了大约 40% 的重量；移除的这些部位成为各式各样的产品，从刷子到药物都有。

乌拉圭冷冻肉品工厂的杀戮效率相当惊人，尤其如果考虑到它靠屠斧来打昏牛，然后用屠刀来切开喉咙。在 20 世纪大部分时间，乌拉圭每年杀掉 100 万头牛，其中大部分是在这四座工厂进行。在 30 年代，弗赖本托斯的盎格鲁乌拉圭厂 1 个小时可以杀掉 200 头牛。[23] 根据厄普顿·辛克莱的说法，芝加哥有家工厂在三十年前的杀戮效率，就已经是盎格鲁乌拉圭厂的 2 倍。每分钟有 15 到 20 头牛被屠斧敲昏，然后被宰杀：一小时 400 到 500 头牛，一天约 4000 头牛。[24]

在旧世界看不到这些庞大的肉品公司；只有在拉普拉塔河口区、美国与大洋洲才看得到它们。欧洲的屠宰场通常是市政府所有的，像是巴黎的维莱特公园，为许多不同屠夫共享，他们小规模地宰杀自己的牛，提供当地消费。[25] 英国的屠宰场很小，它们宰杀的牛供应给当地市场，并不以人道对待动物著称。[26] 即使谢菲尔德在两次世界大战之间使用的新屠宰场（这种屠宰场垄断了当地的屠宰工作）一周也只宰杀约 600 头牛。[27] 重点不是英国抗拒或无法取得新的杀戮技术；恰好相反，英国拥有并以极大的规模使用这类工厂，但地点是在拉普拉塔河口区，而不是在谢菲尔德。英国工人活在地球村中，吃来自拉普拉塔河的牛肉，以及来自南大西洋的鲸制成的人造黄油。

杀戮动物：长荣景期及之后

辛克莱在 1906 年描述：“百码长的一排挂满了猪，每码都有一个人在拼命地工作，好像背后有个恶魔在催逼他一样。”[28] 这是一条解装线，数年后它会在美国另一座城市底特律启发出生产线。亨利 · 福特回忆说：“这个想法基本上来自芝加哥肉品批发商用来处理牛肉所使用的悬挂推车。”[29] 同样重要的是，芝加哥肉品批发商借助机械处理事情，以及利用重力将东西从建筑物运送下来的方法，亨利·福特也大规模地使用了。[30] 美洲确实是大量杀戮与大量生产的先锋，这两者在长荣景期都变得更为普遍且强劲发展。

20 世纪下半叶，全球肉品生产出现巨大的增长，大规模杀戮也变得普遍化。全球每年肉品产量从 1960 年的 7100 万吨，提高到 20 世纪末接近 2.4 亿吨。这段时间全球每人的肉品消费几乎增加一倍。这还有很大的增长空间，因为全球人均肉品消耗量，大概只有富裕国家的 1/3。20 世纪肉品食用的改变，主要来自鸡肉和猪肉消费的增加；相较于 1970 年的 1/2，今天鸡肉和猪肉已占所有肉品消费的 2/3。

为肉而杀的规模已经大到难以理解。光是 20 世纪末的英国，每年为了食物就杀掉 8.83 亿头动物，其中有 7.92 亿只鸡、3500 万只火鸡、1800 万只鸭子、1870 万头羊、1630 万头猪、大约 300 万头牛、100 万只鹅、1 万头鹿以及 9000 头山羊。美国一年杀掉 80 亿只鸡。就某些例子而言，如此大的杀戮规模需要新的杀戮科技，包括使用电击来击昏与杀死待宰的动物，例如用电钳来杀猪和杀羊；以及用二氧化碳来闷死猪。杀鸡方式的改变特别惊人。从 20 世纪 70 年代开始，鸡是在自动化的生产线上宰杀的。它们的腿被绑在输送带上，头浸到导电的液体中。电流穿透身体让它们昏倒，然后它们被割去脖子。最后的宰杀不是用机器完成，而是由人来杀。再用机器给它们除毛与剃除内脏，然后冷冻。整个过程耗时 2 小时。现在最大的鸡屠宰场一周可以处理 100 万只鸡。[31] 很难想象能用其他的办法来进行如此规模的鸡宰杀。例如很难设想英国当地的屠夫和一般家庭，每一天都能够杀掉跟处理完成 200 万头鸡。

就杀牛而言，20 世纪初和世纪末的杀戮技术差异不大，唯一的大改变是引进系簧枪来取代屠斧，以及用电锯来取代斧头。[32] 美洲 20 世纪初的大型屠宰场在二战之后开始不再流行，规模小得多而更为分散的作业方式取而代之。拉普拉塔河口区和芝加哥的大型肉品工厂关门大吉。弗赖本托斯的旧盎格鲁乌拉圭厂挣扎到 20 世纪 70 年代，由于存活得够久，它被保存为一座博物馆，并被很适切地命名为工业革命博物馆；美洲南端的旅游手册有介绍这个地方。在欧洲，尤其是英国，肉品的自给自足以及欧洲共同市场的兴起，使得肉品贸易去全球化，从而终结了这些大型屠宰场。美国芝加哥大型的肉品供货商在市场上输给了位于乡下的、员工没有工会、低技能、单楼层的新肉品商，后者将一箱箱的肉送到超级市场，而不像前者，是将半头牛送给肉贩（当然还有新的巨型汉堡制造商等）。

自 20 世纪 70 年代以来，尤其是 80 年代，比过去芝加哥全盛时期更为集中的新型工厂和新肉品批发商出现了。在 20 世纪末，四家新的肉品商屠宰的动物制成的肉品，占美国肉品 80% 以上。[33] 全世界最大的鸡肉生产商泰森食品在 2001 年并购了 IBP,* 成为全世界最大的肉品生产商。IBP 宣称自己是“地球上最大的蛋白质产品供货商”，雇用 11.4 万名员工，销售金额达到 260 亿美元。虽然屠宰和处理牛的方式基本不变，但杀戮的效率则提高了：工厂的单一生产线，从 20 世纪 80 年代的每小时杀 175 头牛，提高到每小时 400 头牛。[34] 这些大工厂依序坐落于内布拉斯加州、堪萨斯州、得克萨斯州与科罗拉多州，它们也大量使用移民工人，不过现在这些工人多来自拉丁美洲和亚洲。[35] 工会的终结不只意味着生产速度急剧加快，同时也意味着实质工资降低。而且就像辛克莱所描述的那样，新的肉品产业拥有巨大的政治力量。

---

* IBP 是爱荷华牛肉加工公司（Iowa Beef Processors, Inc.）的简称。

死刑和其他种类的杀戮

司法杀戮适切地尊重传统。英国人一直仰赖绞刑架，直到他们在第二次世界大战后废除死刑为止；西班牙人也依靠绞刑椅（garrotte）；法国人用断头台。许多国家继续使用枪决，而斩首和石刑在20世纪仍不罕见。

美国特别喜爱开发新的死刑方式。纽约州在19世纪80年代征寻新方法来处死不乖的公民，最后提出了34种可能的方法，其中真正够格的有4种：绞刑架、绞刑椅、断头台和枪决，但纽约州都不喜欢，因为那会损害死者的尸体，而且有时会带来不好的政治联想。最后提出电椅和注射死刑这两种新办法。在爱迪生的帮助下，前者雀屏中选，爱迪生还确保行刑用的是交流电系统，而不是他经营的电力系统所使用的直流电。1889年电椅在纽约州杀掉第一个牺牲者，到了1915年美国总共有25个州拥有这项科技，不过创新并未就此止步。内华达州在1924年引进了毒气室，这种方法也很快地传播开来。氰化氢是用来杀人的气体，生产的方法很简单，把一袋氰化钠丢到稀释的盐酸中即可。注射死刑是1982年在得克萨斯州发明的。[36]

杀人机器一旦引进就会使用很久，因此大多数建造于20世纪二三十年代的毒气室，到了八九十年代还在使用；非常老旧的电椅也仍使用数十年，直到它们像许多毒气室一样变得太难维修为止。1999年人类最后一次使用毒气室执行死刑。[37] 注射死刑用的机器取代了毒气室，这要比设计兴建新的毒气室或电椅便宜许多。另一个因素是，美国有些州让死刑犯可以选择自己被处死的方式，而似乎大多数人选择注射死刑。

就像稍早的殖民国将他们的死刑科技带到他们的殖民地一般，注射死刑也传播到世界各地。[38] 菲律宾在 20 世纪末引进了注射死刑；他原本想要的是毒气室，可是却买不到。中国大陆在 20 世纪 90 年代开始使用注射死刑，中国台湾允许使用注射死刑却仍继续使用枪决，危地马拉也采用注射死刑。在泰国，机关枪于 20 世纪 30 年代取代了砍头，最近则又被注射死刑取代。

尽管逐渐改用注射死刑，但旧的技术在 20 世纪仍扩大使用。在法国大革命时开始使用的断头台，或许是第一种设计来减少死刑犯痛苦的杀人技术；它让人联想到遭斩首的贵族、大革命的恐怖政治，而且断头台的后续使用令人毛骨悚然。19 世纪有些欧洲国家采用了断头台，包括许多德意志邦国。从 1870 年开始，新的德意志帝国以砍头来处决所有的死刑犯，虽然不是全部犯人都使用断头台。因为有些邦仍旧使用斧头，直到 1936 年才废除用斧头处决。不过那时的处决率就像其他国家一样，一年不过几个人而已。断头台的伟大时代才正要开始。纳粹时期死刑数量急剧升高，估计约有 1 万人遭判决处死，其高峰是在战争时期，每年有数千人。据说希特勒订制了 20 架断头台。他在 1942 年引进绞刑作为另一种选择，用的是非常粗糙的绞刑架。

死刑在大多数地方都很罕见，从 20 世纪 40 年代后就变得更少。富裕世界大多数地方认为死刑是野蛮的做法，应该予以废除。在两次世界大战之间，美国一年约处死 120 个人。到了 20 世纪 60 年代每年只处死几个人，而且从 1972 年到 1976 年之间，没有人因为司法理由而被处死。一般而言其他地方的死刑人数也降低了，许多国家完全废除了死刑。

比较特别的是美国偏离了这个趋势。1977 年美国重新开始执行死刑，当时是在犹他州用枪决处死加里 · 吉尔摩。美国处死刑的人数不只没有下降，在 20 世纪八九十年代反而急速上升。得克萨斯州在 2000 年用注射死刑处死了 40 个人，让美国恢复到 20 世纪 50 年代之后就未曾见到的高死刑率。虽然注射死刑是主要的方法，不过毒气室和电椅也恢复了使用。

使用死刑从来就不仅是司法之事。绞绳、电椅和注射死刑从来就不是中立的。政治和种族对于死刑来说非常重要。20 世纪英国平均每年有 20 个人被处绞刑，然而在茅茅*反叛期间，英国司法机关在 1952 年到 1959 年间以绞刑处死了超过 1000 名肯尼亚人，并且用其他方法杀死了上万肯尼亚人。尽管美国是个白人占绝大多数人口的国家，从 1608 年到 1972 年间，美国处死的犯人当中只有 41% 是白人；自 1930 年起，遭到处死的美国人当中超过一半是黑人。[39] 在南方某些州，20 世纪初对黑人处以私刑的做法减少之后，带来的是州政府处决黑人的增加。[40] 直到重新引进死刑之后，处死的白人人数才稍微超过黑人。

种族灭绝的科技

有些时候在有些地方，政府企图消灭特定的大量人群。为达目标政府有时不得不思考大量杀戮的方法，有时还得创新杀戮的技术。例如奥斯曼帝国在第一次世界大战时，决定驱除帝国中心安纳托利亚地区为数庞大的亚美尼亚基督教人口。奥斯曼帝国当时正在对信奉基督教的俄国作战，而亚美尼亚就处在奥斯曼帝国和俄国的边界。驱逐亚美尼亚人的过程本身就是残暴的强迫迁徙，途中伴随许多的死亡和杀戮。要到 1923 年土耳其在安纳托利亚建国，此一过程才停止，此时安纳托利亚不只已经没有亚美尼亚人，也清空了信奉东正教的希腊裔人口。据估计总共死了 150 万左右的亚美尼亚人。相较之下，其他的屠杀是小巫见大巫。苏联在 20 世纪 30 年代中期的大清洗时期，有数

* 茅茅（Mau Mau）是肯尼亚在 1952 年到 1960 年间武装反抗英国殖民统治的武装组织。

万人遭到枪决。日本部队在1937年10月攻下南京之后，据估计在数周内杀死了约30万的中国士兵与平民，大部分是枪杀。

德国人在秘密与战争的掩护之下进行创新。倚重马匹的德国部队在1941年到1945年之间，用枪决、绞刑与饥饿等传统方法，在东欧杀死了数以千万计的人，其中包括数以百万计的平民。对犹太人最初的大规模屠杀发生在波兰东部和苏联，用的是传统方法。4个特别设置且编制很小的党卫军特别行动部队，与当地的共犯用小型武器杀掉约130万名犹太人。[41] 特别行动部队很快开始小规模使用毒气车，但即使数量很少（估计最多30辆），一天也能杀死数千人。1941年晚期于切姆诺展开的第一次大规模杀戮作业，只使用3台毒气卡车，一天就能夺走约1000条人命。从1941年12月到1943年初，大约有30万人被杀。1942年又有3个种族灭绝中心增建：索比堡、贝尔赛克以及特雷布林卡。这些集中营和切姆诺要共同为大约200万人的死亡负责。其中特雷布林卡规模最大，大约杀了75万人。这些都是小地方，隐藏在森林深处，而且大多在1943年之前就被德国摧毁。德国利用发动机废气产生的一氧化碳来杀人，这种方法的优点并不是杀人速度较快，而是可以免掉使用专门的行刑队来执行毛骨悚然的杀戮任务。[42] 这种一氧化碳杀人科技，在1941年就已经用来杀死数以万计罹患精神疾病或身体残障的雅利安人。

值得注意的是，我们对于大屠杀的主要印象并不是小型武器和发动机废气，虽然它们和饥饿是最大的杀手。我们主要的印象是大型的工业厂址，齐克隆B（氰化氢）这种专门用来杀人的气体，以及处理尸体的工业规模的火葬场。使用这些方法的主要杀戮地点是奥斯威辛—比克瑙集中营，在此遭屠杀的人数量比任何其他地方都多，大约100万人。奥斯威辛—比克瑙集中营有幸存者，大部分的营区也遗留下来；就这几点以及其他方面而言，它很不典型。奥斯威辛—比克瑙集中营是最后一个登场运作的灭绝中心，然而它不单是个灭绝营，还是个巨大的劳改营，和该地区的其他营区共同为第三帝国当时新吞并的上西里西亚庞大的工业区提供人力。有段时间纳粹曾规划要在奥斯威辛—比克瑙集中营囚禁数目惊人的20万名囚犯。

在奥斯威辛以及其他的纳粹集中营，齐克隆B原本用来消毒衣服，以控制虱子传染的疾病。集中营发现它也能用来有效杀人。原本有两栋房子规划用作连接到火葬场的巨大太平间，来放置死于疾病和饥饿的众多尸体；后来这两栋房子被改装为毒气室。[43] 奥斯威辛—比克瑙集中营经过这段曲折的过程，成为拥有新型杀戮科技的灭绝营区。

由这些集中营提供劳动力的大型工业企业之一，是法本公司的新工厂。该公司首度设立用来生产合成燃料、合成橡胶以及许多中间产品与最终产品的工厂，并且利用这些工艺彼此之间的关系。这个巨大的努力从未成功生产出燃油或橡胶，但它确实制造出许多重要的军需原料。这样的关联，使得我们容易看到这和大屠杀的关系；两者都和重新崛起的德国国族主义有关。将奥斯威辛视为杀戮工厂，就如同将洛伊纳与勒沃库森视为化学工厂，或将埃森的克虏伯视为军火工厂一般，会错失其他重要的方面。奥斯威辛—比克瑙集中营的杀戮设施既不庞大也不自动、运作也不顺畅、资本也不特别密集。火葬场经常故障，许多尸体必须掩埋处理或者在坑里烧掉。它们的运作断断续续，因为牺牲者的到来很不稳定。最大一波杀戮是针对匈牙利的犹太人，花了大约两个月的时间，结果超出既有的杀戮能力，因此需要更多杀戮设施，特别是火化设施。为此纳粹盖了巨大的带斜坡的坑，用木柴当燃料。此外，采用杀虱技术来杀人的过程，大不同于带来合成油品与合成橡胶工艺的过程。

把奥斯威辛看成是彻底现代的死亡工厂，这样的印象仍旧强大，以此来猛烈批判现代性本身，也用来提醒人们现代科学和工业所能带来的后果。它激发了一场关于奥斯威辛是否该被夷为平地的事后辩论，仿佛它像是油料合成工厂或 V-2 火箭工厂般，是一台能够被摧毁的大机器。

透过骇人但简单的计算便可清楚看出，虽然一年杀死 200 万人似乎是个惊人的任务，但是老旧得多的杀戮技术完全有能力做到。小小的乌拉圭的 4 座大型屠宰场，一年就可以杀掉 100 万头牛，用的只不过是简单的屠斧而已；芝加哥最大的屠宰场在第一次世界大战之前就能做到这点了。而正如我们所见，小型武器和汽车废气也能够造成恐怖的死亡人数。大规模杀戮既不新颖也不困难；这点大不同于那些针对大屠杀的科技省思说法。

奥斯威辛杀戮机器的性质与力量，是那些否认大屠杀者论点的核心。大多数否认者提出的说法是，难以想象毒气室、少数的毒气车和步枪，竟能够杀死这么多人。在这个龌龊的故事中，死刑设备维修人员弗雷德 · 路特这位真正的杀戮科技专家，成为故事的核心。[44] 纪录片导演埃罗尔·莫里斯执导关于路特的精彩电影，片名是《死亡先生》。死亡先生在美国不起眼的事业是，在 1977 年恢复死刑之后负责重新保养和改装死刑设备；路特为特拉华州翻新绞刑架，也为密苏里州改良毒气室。[45] 他为新泽西州发明了一部自动注射死刑机。路特也许是仅存在世的毒气室专家，他在 1988 年接受大屠杀否认者聘请担任证人，这为维修人员就是专家提供了很好的例证。他造访奥斯威辛，确信在那里并没有毒气室。他的报告成为大屠杀否认者的关键文件。对大屠杀的否认（或者更准确地说是对毒气室的否认）刺激了新的研究，结果揭露出纳粹党卫军建造与使用毒气室的许多惊人细节，而进一步反驳了否认者的说法。[46]

即便以创新为中心的历史对奥斯威辛的新颖之处存在过度诠释，大屠杀仍旧是个新现象。在大屠杀之后，我们不能再将种族灭绝视为过往野蛮的再现尘寰，不论这个说法多有吸引力。种族灭绝有现代的动机和规划，它在既有模式中以新的方法使用既有的工具。在稍后两场规模较小的种族灭绝中，可以清楚看到这点。

1975 年到 1979 年间，波尔布特政权在柬埔寨杀死约 170 万人，要到越南打败它之后才停止杀戮。柬埔寨约有 20% 的人口死亡，受害最惨的是都市居民以及乡下的华裔、越南裔与泰裔等少数民族。[47]主要的死因是被迫忍饥挨饿，但根据一项估计，也有约 20 万人遭到处决。在许多地方他们以不同的方式被杀死：枪决，用铲子、锄头或铁棒打破脑袋以及用塑料袋闷死（这是个创新）。[48]

1994 年在中非出现了速度惊人的种族灭绝。卢旺达的少数族群图西人有 50 万人遭到杀害（有人估计高达 100 万人），其中 99% 是在 4 月到 12 月之间遭杀害。[49]大多数被害人是遭大砍刀所杀（38%）、被棍棒打死（17%），枪支杀害只占 15%。[50]胡图族的政府事先就已取得大砍刀。光是在 1993 年就进口了约 100 万支大砍刀，其重量约 500 吨，每支价钱不到 1 美元；换言之，该国平均每三个男人就可以分到一支大砍刀。[51]这是新的事例，因为从来就没有那么多人那么快地被大砍刀杀死，大砍刀首度成为史上重大的杀戮机器。发明出现在意想不到的时间与地点。

第八章

发明

自二战以来，在英语世界里科技几乎等同于发明。这种混淆对于理解科技没有帮助，也给理解发明造成负面影响。我们并没有一部关于发明的历史，相反，我们拥有的是许多部**某些**后来**成功**科技的发明史，这点就使得理解有了偏差。然而，我们拥有的发明史本身就以创新为中心，它把焦点放在发明本身的某些新面向，强调发明本身出现的变化，而不是那些不变的部分。

以创新为中心的图景有几种不同版本，其中之一是把焦点放在学院科学研究的发明；另一版本的焦点则是那些被当作是关键的科技；还有一种版本是把焦点放在最新颖的发明机构。经常听到的主要论点是：日新又新。这些意象虽然各有好处，但仍应受到挑战。关于发明最重要而且最有趣的一件事，是它展现出重要的延续性，而这些延续性却从来没有获得充分认识，我们对于它改变的方式也没有足够的体会。我们长久以来一直拥有层出不穷的发明——新颖本身并不新，但是关于新颖却可说出些新道理。

学院科学与发明

学院研究的图景是将焦点放在科学最重要与最创新的面向，并且宣称那些形塑世界的关键发明由此而来。这种观点所隐含的见解是，自19世纪晚期以来，某种叫作“科学”的东西，已经成为科技的主要来源。这种意义下的“科学”相当特殊。就如同把科技和发明混为一谈，科学和研究也混淆了。“科学意味着开创新的领域”，这种20世纪的信念造就了科学研究。[1] 然而，如同大多数的工程师并不是发明家，大多数的科学家也不是研究者，而大多数的科学也不是研究。

甚至在使用科学这个词汇时，其所指涉的研究通常只是所有科学研究中的一小部分：那些大学或类似机构所进行的研究。这是用一种极度以创新为中心的观点来看待学院研究，即偏重19世纪的有机化学与电学，20世纪前半的核物理学以及50年代以来的分子生物学。这种观点或隐或显地认为，这些特定的学院研究带来了改变世界的科技——合成化学、电力、原子弹和生物科技，这是一份我们现在都已经很熟悉的名单。的确，我们认定什么是这个世纪最重要的科技，深深影响了我们如何判断学院研究发明史上的哪些发明是重要的。

粒子物理学和分子生物学只占20世纪学院研究很小的一部分，这些分支甚至称不上主导了物理学或生物学，更别说整体的学院研究。其中最惊人的被忽略者是化学，这是20世纪大部分时候最大的学院科学；其他大的学院科学还包括工程学和医学。这些部门不断产生新的事物，此乃快速扩张的大学之常态。大学里大多数的创新研究，是在被误称为“老”学科中进行的。

大学新的研究主题都是从旧的实践衍生而来，大学基本上是在追赶快速变迁的科技世界，而非创造这样的世界：在有航空工程学之前，飞行就已经出现了；远在任何关于摄影过程的理论出现之前，摄影就已经存在；冶金学出现以前，就已经有许多高度专门化的金属铸造；固态器件的存在先于固态物理学。研究摄影、冶金学与半导体的先锋不是大学，而是产业公司，学院在后追随。

长期以来，学院的发明和实践的世界就有着很紧密的关系。尽管有着种种关于象牙塔的说法，但至少从 19 世纪晚期开始，学院中的科学、工程学和医学一直都和产业与国家有着密切的关系。在第一次世界大战前后，德国大学伟大的有机化学中心和德国工业有了密切联系。发明哈伯–博施法的弗里茨·哈伯是个学者。煤炭与化学的学院专家涉入煤炭的氢化。在第一次世界大战之前，哥廷根大学是重要的航空研究中心。盘尼西林是圣玛丽医学校和牛津大学在 20 世纪 40 年代研究的副产品。麻省理工学院在第二次世界大战之前就设立了子公司。斯坦福在 20 世纪 30 年代也开始有副产品，日后人称硅谷的产业区，第一项重要产品就是斯坦福的速调管微波发生器。

然而，对历史无知的分析者强调，直到最近二十年来出现了伟大的创业型大学，才打破了学院和产业的藩篱，要到现在创业型大学才开始推动新工业的创立。这不只极度夸大了此一现象的新颖，还夸大了创业型大学的重要性。在 21 世纪初，美国的大学和医院每年从它们的知识产权收到大约 10 亿美元的授权费（大多是使用费）。这是相当大的一笔钱，但必须合乎比例地看待。收入最高者不会得到超过 1 千万美元，且大部分的钱都来自医学领域中非常少数的专利，其中最显著的例子是佛罗里达州立大学抗癌药物紫杉醇的专利，但这离自给自足还很远。大多数大学的专利是对学院研究进行巨大公共投资的产物，其中的关键是 1980 年的拜杜法案，它让大学可以拥有使用联邦政府补助研究经费而获得的知识产权。大学和医院每年的研究花费大约是 300 亿 ~400 亿美元，其中 200 亿 ~250 亿美元来自联邦政府的经费，其余则来自产业、地方政府与州政府以及大学本身。美国学院研究的大图景，是二战以来状况的延续，它们倚靠来自联邦政府军事与民用的研究经费。尽管美国极度强调私营医疗保健，但是学院医学研究的经费仍大多来自联邦政府，而且过去十年来有很显著的增加。

学院要求政府提供经费，并且希望除了主要和产业有关的研发经费之外，还有独立的经费。[2] 因此，让人以为学院科学是发明的来源是很重要的，而这样的信念也相当普遍。这点见证了学院研究型科学家巨大的影响力。确实有一些学院研究带来新科技的案例。人们常举出很多这类例子，但不是所有的例子都令人信服。X 光和核武器是很好的例子；而空腔磁控管和激光则是很差的例子。产生高频、高功率无线电波的空腔磁控管，早在学院人士开始对它进行研究之前，就已经有人使用。激光则是美国军方引导启发下学院研究的产物。

所有发明的严肃分析者都深知，大部分的发明，更不用说发明后续的发展，都出现在离学院实验室很远的地方，其完成必然远离学院。大多数的发明出现在使用的世界（包括许多全新的发明），也都在使用者的直接控制之下。这个领域属于工业公司的设计中心与工坊、实验室与个别发明者，以及政府（特别是军方）的实验室、工坊与设计中心。[3]

发明的阶段模型

我们有个重大迷思，认为发明集中在特定领域，而且大多数全新的发明也在那些领域出现。这些领域被认为是形塑特定历史时代的科技。就工业科技而言，一般认为 20 世纪上半叶的发明集中在电气与化学，接着电子学和火箭科技取而代之，然后是计算机与生物科技。近年如果有人认为信息与生物科技是唯一出现发明的领域，他还算情有可原。确实有证据显示，随着时间的改变，人们努力着重的发明领域会有所不同,发明的产出也会随着时间而改变(虽然不是那么明显);然而，这些改变并不吻合前面所描述的那些阶段。电气与化学这两个领域的发明不只源源不绝，而且在20世纪出现根本性的扩张，机械工程的发明也是如此。对火箭与电子学的投入虽然在20世纪五六十年代确实有所增长，然而它们在20世纪晚期无疑又萎缩了。产业的生命科学研究，尤其是制药业或农业方面，确实有所增加，而重化学品（heavy-chemicals）的研究则减少。甚至特定公司内部都出现这样的状况。

能证明“老东西的重要性”例子或许是，20世纪末研发支出最高的私人公司不是计算机巨头，甚至也不是制药公司，而是汽车制造商：通用汽车和福特汽车占了鳌首，而不是微软或诺华（参见表8.1)。在20世纪末，设计一辆新车的成本大约在1亿~5亿英镑之间，这和设计全新汽车发动机的成本差不多,这也和研发一种新药的成本相当。当然，这或许是因为要在这些领域制造出任何有价值的东西，需要很大的投入，因此其研发会如此昂贵。而其他领域的成本回收可能要比汽车业大得多，技术变迁也快得多。微电子产品可能是关键的例子。

无疑许多人相信技术变迁集中在特定领域，但难以厘清的是，究竟这是因为人们在该领域投入了很多努力，还是因为该领域本身就具有生产力。苏联有个老笑话直指这个议题的核心：一位发明家晋见部长，他说:“我为我们的服装工业发明了新的纽扣打洞机。”部长回答:“同志，我们不需要你的机器，难道你不了解这是斯普特尼克卫星的时代吗？”[4]这样的心态形塑了政策，这不仅限于火箭，也不仅限于苏联。规划者希望把发明与发展的重点,放在所谓科技进步的“尖端”之类的陈腔滥调上。政府投入航空发明的金额远高于船运，投入于核能的金额远大于其他能源科技。当然，建造火箭和建核电站的军事命令有其重要性，人们后来则宣称这两种科技在技术上的丰饶多产，像是提出副产品这类观念，来为这些科技的重要性辩护。然而，副产品的论证背后隐藏的预设是，只有在那些被视为是先进的科技当中，才会有副产品。我们相信火箭要比纽扣打洞机更有可能出现更重要的副产品。

认为只有新科技才会出现重要发明，这种强烈的想法甚至促成一个特殊概念的提出，以便解释旧产业的创新，亦即所谓“帆船效应”。此一论证宣称，只有在响应威胁其生存的新科技时，旧产业的公司才会创新。这一论证所举的都是 19 世纪的例子：帆船只有在蒸汽轮船引进之后才开始改良；电力引进之后，煤气灯才出现韦尔斯巴赫灯罩的新发展；在索耳末法引进之后，制造碱的勒布兰法才出现改进。然而，就这些例子而言，根本没有证据显示“老”工业之前没有新的发明。[5] 某些例子确实有可能有帆船效应，例如在避孕药引进之后，避孕套及其他避孕方法的相关发明速度加快，但该产业的特殊状况或许能解释这种现象。

发明与创新到处出现。农业一直是发明与开发活动的重要领域，这些开发包括新的耕作法和许多新植物品种，例如，位于菲律宾的国际水稻研究所在 1966 年采用新的矮株水稻 IR8。密集的开发带来新的动物品种（例如鸡）以及畜牧方法，像是使用促进生长的抗生素。从 20 世纪 20 年代起，没落中的英国棉纺织工业和英国政府，扩大规模支持棉花种植和棉产品制造方面的研发。20 世纪初，美国最大的单项企业研究计划，或许是美国烟草公司发展出雪茄制造机。[6] 军方支持的研发不只包括了航空与无线电，也包括轻兵器与火炮。造船的发明活动不只带来更大的船只，同时也促成了球状船首这种 20 世纪得到广泛使用的东西。尽管蒸汽火车变得很不流行，而且获得的资源很有限，但是第二次世界大战后的数十年间，人们仍旧对它进行改良工作。

图 24　约翰·伽兰德，斯普林菲尔德的美国联邦兵工厂雇员，也是美国陆军半自动步枪 M-1 的发明者。照片中他正在他的模具厂工作。M-1 是第二次世界大战美国步兵的标准步枪。企业和政府的雇员，乃至个人独立的机械发明，在 21 世纪所有专利数量中仍旧占相当可观的一部分。

到了20世纪60年代，有些人开始觉得，有些科技领域的发明没有得到应有的投入。在最根本的层次上，有种看法是太多资源被花费在飞机、火箭和核能上，这些科技常被贴上“权贵”计划的标签。这种论点主张，我们应该花更多资源在日常必需品的研发上，以及用于电子工程与化合物乃至火车与巴士的改良。这个论点其中一个特别有力而有趣的版本，来自经济学者舒马赫。他主张，我们应该发展介于贫穷世界的传统科技与富裕世界资本密集的大型科技之间的“中间技术”，这个观念在他的名著《小即是美》（*Small is Beautiful*, 1973）中获得阐发。这些观念很有影响力，导致许多新的改良事物在慈善团体资助下获得小规模的发展。例如，牛津大学有位学院工程师斯图尔特·威尔逊（1923—2003），发展了一种改良的脚踏人力车，叫作“牛津三轮车”（Oxtrike）。它的设计比传统的三轮车更有效率，同时也能轻易地在贫穷世界的小型车间制造出来。然而，这种三轮车就像许多这类的科技一样，并没有在贫穷世界里得到任何广泛的传播使用。总是有人怀疑这类科技是二流科技，他们问：为什么贫穷国家不能拥有最好的科技呢？

为贫穷世界发明以及在贫穷世界发明，两者之间有巨大的差别。在西方非政府组织（NGO）的世界之外进行的发明与开发，当然要比NGO的这些努力更重要。尽管没有记录在专利或版权中，但这种发明与开发对改变世界的物质结构仍很重要；例如，在贫穷的大城市里，有着数以百万计没有受过训练的建筑师、工程师和施工人员，他们的发明就很重要。

新的发明机构

第三种说法把焦点放在不同类型发明机构的嬗递故事。大体上，故事是这样讲的：在工业革命的英雄时代，发明主要靠个人发明家。从 19 世纪晚期开始，科学和技术结合在一起，发明成了企业研究实验室的职责，特别是在电气事业和化学产业。到了 20 世纪七八十年代，生物科技和信息科技的新兴企业、科学园区以及创业型大学成为关键的创新机构。这些故事也不是没有料，但是时间点及内容则相当具有误导性。

先从时间点来说，1900 年左右大多数的专利，毫无疑问地是由个别发明家所取得，直到 20 世纪才开始有显著比例的专利由大型公司取得。国家机构与企业的研究实验室虽然在 1900 年左右就相当活跃，但要到 1945 年之后才自成局面。然而，个别的发明家在这之后并未消失，他们（如此称呼是因为发明迄今仍是非常男性化的活动）在一个新的背景下活跃。大型企业的发明家也没有消失。发明史一个最惊人的特征就是发明机构非常长寿。

在 1900 年左右可以看到，某些产业以及某些公司发明活动的组织方式有了重要的改变，这些公司首度成立“研究部门”来补充既有的科学与工程活动。[7] 尽管公司雇用的大多数科学家和工程师仍旧在生产部门、分析实验室与开发实验室里从事常规的工作。

和一般所想的相反，产业的研究革命并不是从学术界衍生出来的，它不是学术模型在产业的运用，而是产业、政府与学术界同时进行的一场缓慢革命的结果。在这三个领域中，皆出现了以研究为焦点的科学和工程学。大学从教学机构变成教学与研究机构（医学院也是如此）；政府的科学家和工程师不再只关心新建道路或执行食品安全标准，也投入新知识和新东西的创造中。[8]

设立研发机构的公司通常规模很大，而且技术先进，事实上他们经常是所在领域的主导者。当巴斯夫、赫斯特、拜耳公司和爱克发等德国合成染料公司也采用研究实验室时，他们早已是合成染料界里稳固的世界领先公司。拜耳在 1891 年采用研究实验室，但在 20 世纪初时拜耳也只有 20% 的药剂师在从事研究活动。美国的研究革命甚至由规模更大的公司所领导。常被提及的第一个例子是 1900 年成立的通用电气实验室。其他重要的实验室是由炸药公司杜邦（1902 年与 1903 年）、电话公司 AT&T（1911 年左右为其制造部门西方电气的工程部新增研发分部），还有摄影巨头伊士曼 · 柯达（在 1912 年左右）。这些公司当时的规模都已经非常大，也都已经在“以科学为基础的”科技领域相当具有创新性，并且雇用了大量的科学家与工程师。柯达和通用电气已经是强大的跨国企业，是全球摄影与电气产业的领导者，AT&T 则主导了美国的电话和电报。

这些公司成立研究部门的主要原因之一是，欧洲的创新对其主导地位构成潜在威胁。这些创新本身不是工业研究的产物。伊士曼 · 柯达觉得受卢米埃尔兄弟的“天然彩色相片”工艺威胁，后者能够生产出漂亮的彩色影像。通用电气则担心德国学院化学家沃尔特 · 能斯特发明的一种完全不同的电灯。这种电灯由能够导电并且在加热时会发光的材料所制成，可以用火柴点亮。德国的一家电气公司，通用电力公司（AEG），取得了此项专利，这让能斯特变成了有钱人。这种电灯在销售上不太成功，只取得某些小型市场，其中之一是将它用在首度研发成功的光电传真机上，这种传真机由亚瑟 · 柯恩设计，在第一次世界大战之前投入使用。AT&T 则担心无线电会削弱它的电话生意，无线电则是一些欧洲个人发明家的产物，其中一位是马可尼。

产业研究成为这些公司能够数十年保持领先的因素之一，因此我们才会这么熟悉它们的名字。通用电气和杜邦的主要研究实验室成立迄今已超过百年。在 1997 年（与 2003 年）研发经费排名前 23 名的公司当中，至少有 15 家公司在 1914 年之前就已经成立了，而且其中至少有 5 家在当时就已是重要的产业研究者。当然这份排名中有新的加

图 25　世界上最大的发明中心之一：拜尔公司位于德国勒沃库森的厂房，摄于 1947 年前后。从 19 世纪晚期到现在，它一直是染料、药品以及许多其他产品的生产中心。就像许多伟大的研究企业一样，它的历史比许多民族国家还长。

入者，特别是日本的汽车公司和电气公司。

在1900年左右成立的大型工业研究中心经历了一段扩张的历史。在第一次世界大战之前，杜邦将1%左右的盈余支出用在研发上，在两次大战之间这个数字增加到3%。在1950年到1970年间，该公司的规模已庞大许多，而此金额比例也达到了7%。杜邦在20世纪60年代末宣称研发新产品的计划是个昂贵的失败，在70年代削减研发预算，改为强调对既有产品的短期改善工作。到了1975年其研发投入衰退到4.7%，到了1980年则又衰退到3.6%。杜邦在20世纪80年代时再度出现对研发的兴趣，但主要是在生命科学的领域。尽管如此，杜邦的研发经费仍旧庞大。其在1997年的研发经费开销仍旧排行在前，但到了2003年由于研究经费的削减，排名直线下降。

另一个研发开销长期居主导位置的是AT&T，其研发部门在20世纪20年代整合到子公司贝尔实验室，此一公司在20世纪有相当惊人的增长和产出。从20世纪20年代起贝尔实验室就是全球信息科技的领导者，而在30年代到70年代晚期则进行了惊人的扩张。其产品包括1947年发明的晶体管、20世纪60年代发明的UNIX操作系统，以及1979年发明的数字信号处理芯片，后者在手机与其他产品中到处可见。AT&T的电话垄断遭到分拆、贝尔实验室移转到朗讯科技之后，贝尔实验室的规模缩小，但是在1997年它的排名仍在前20内，远远领先英特尔。之后它的规模大幅缩减，但仍旧大于它在20世纪20年代中期的规模。

20世纪50年代到70年代晶体管与集成电路的发展，有部分是小型创业公司的成果。贝尔实验室的员工很快就将晶体管的发展与生产带到更小更新的企业。拥有一位前贝尔实验室员工的德州仪器，在1955年制造了第一颗硅晶体管。晶体管的发明者之一威廉·肖克利在加州创办了一家半导体公司。一群专家离开贝尔实验室，在1957

年成立仙童半导体公司，这家公司引进了制造集成电路关键的平面工艺。仙童半导体与德州仪器在1959年取得关键的专利。新的半导体企业大部分是仙童半导体的员工在20世纪60年代成立的，这些公司大多位于日后被称为硅谷的地区，该区从20世纪30年代以来就欢迎新产业，和新的大学以及更重要的是和正在扩张的美国军方有密切的关系。这些新的半导体公司包括在1971年引进计算机芯片上的微处理器的英特尔（成立于1968年）。

今天从事信息科技发明的大公司，是古老的公司和数十年前成立的新兴企业的混合体：西门子、IBM、微软、诺基亚、日立以及英特尔（参见表8.1）。它们的研发预算仅次于那些占排行榜鳌首的公司。和创业型大学有关的小型创业公司，在半导体与软件行业扮演关键角色的时期，是20世纪50年代到70年代，而非后来他们取得主导地位的时期。日立和西门子都是在第一次世界大战之前成立的，贝尔实验室也是。不过最具有启发性的例子或许是IBM，多年来这家公司等于是计算机的代名词，不论是主机或PC皆然。甚至在第一次世界大战之前，它就已经是世界各地计算器（calculating machine）的主力。IBM在20世纪四五十年代是电子机械计算器的领导公司。20世纪50年代麻省理工学院的一位工程师为美国防空的萨吉计划（project SAGE）设计了一套庞大的计算机化的系统。IBM获得制造这些机器的合约，尽管该公司之前在计算机方面没有任何经验。从这时候起，IBM出乎意料地成为电子计算的领导力量，特别是在60年代初期推出System 360之后。IBM现在在研发经费上依旧非常慷慨。

就生物科技而言，制药研究的荣景也是由巨型的研发经费支出者所引导，而非新兴企业。这些大型公司存在已久，制药／生物科技最大的研发经费支出者都是非常老旧的公司。辉瑞、强生、瑞士罗氏，以及由汽巴精化、嘉基、山德士等瑞士公司合并而成的诺华，以及赫斯特染色与罗纳普朗克等合并成的安内特；这些公司都是在19世纪创立的。合并成为葛兰素史克的几家公司：葛兰素、威康、史密斯、克莱恩、必成以及艾伦与汉伯里等公司也是如此。其中很多家公司在1914年以前就已经在制药研究与生产领域扮演重要角色。20世纪七八十年代的新兴企业远远落后于这些公司。

一战之前就已存在的大型汽车公司，其研发支出今天排名在前，但它们在二战以前并不以研发著称；通用汽车在某种程度上是例外。这些汽车公司很少从事研究，但非常具有创造力。1908年推出的T型汽车是新型的汽车：这是一种坚固、轻量又便宜的车子，适合在乡下使用。T型汽车不是出自实验室，而是出自一家小公司。福特在1910年1月搬进位于高地公园、由水泥和玻璃建筑而成的巨大新工厂，该厂还自备宏伟的发电厂。它在1910年雇用了3000名生产员工，到了1913年扩充到1.4万名。[9] 今天增长最快的公司也很少能赶得上这样的增长速度。

就如同许多其他产业一样，汽车产业只有很少的实验室，有的甚至完全没有；但却有许多开发车间与测试设施，像是跑道、风洞以及流体力学槽。人们迫切需要推进器、外壳形状、飞机与材料等东西的相关知识，这些设施对于此类知识的生产相当重要，设计师和工程师在其中一直都扮演主导的角色，他们经常透过渐进的改变，使产品达到特定程度的性能，而大多数的设计工作则需要大量的计算与模拟。

此一密集的开发活动在第二次世界大战时发生剧烈改变。光是飞机以及飞机发动机就占战后研发的一大部分，其经费主要来自国家。同时进行且有相似组织方式的，是火箭计划以及新的计算器发展。相关机构当时决定把大量资源投入特定计划，这不只导致经费增加，也导致其他某些计划的逐渐缩小。DC3型客机在20世纪30年代晚期的开发费用大约是30万美元；而庞大许多的DC4型客机在30年代中期的开发费用则是 330 万美元；DC8 型客机在 50 年代的研究费用则是 1.12 亿美元。[10] 飞机的开发费用持续增加，汽车也是一样。短程与洲际导弹以及航天器运载火箭也消耗了大量的开发支出。

“研究与开发”一词在二战期间成为政府和工业的术语。这一术语有失准确，“开发与研究”会比较确切，因为事实上开发经费要远大于研究经费。

上述说法如何能适用于原子弹计划？

在 20 世纪的科学、技术与发明史中，美国在二战期间的原子弹计划占了最中心的位置（虽然后续工作没有受到这么大的注目）。它深刻影响了我们如何看待 20 世纪（特别是 1939 年以前）科学史中各种事物的重要性。一般认为原子弹是 20 世纪中期最伟大的科技，人们也将它视为科技史上极其重要的组织创新，标示着所谓“大科学”（big science）的兴起。我们之所以认为它是世界史上无前例者，是因为遗漏了许多先行者。一旦把这些旧事物摆回到故事当中，事情看来就大不相同。

首先让我们从名字开始。使用“曼哈顿计划”一词，其全名当中一个重要的字眼就被掩了，它的全名是“曼哈顿工程区”。之所以被如此称呼，是因为它由美国陆军工程兵团管理；这个兵团是个历史悠久、声望崇高的机构，长期以来招募西点军校最好的毕业生。工程兵团在组织上分为不同区，他们为此新计划而创设一个新区：这是个生产、开发与研究的计划。在一般关于大科学的故事中，原子弹计划 20 亿美元的惊人开销，经常被讲得像是研发的费用，但事实上这 20 亿美元大部分是用来在橡树岭与汉福德两地建造两座核工厂。该计划的领导者格罗夫斯陆军准将是美国工程兵团的资深成员，他曾经监督过弹药厂

图 26 军事工程师莱斯利 · 格罗夫斯准将是曼哈顿工程区计划的负责人，从研发到工厂的建造，他管理该工厂的一切。但一般说法常让人以为负责人是他的部下，洛斯阿拉莫斯实验室的主管，罗伯特 · 奥本海默。以学术研究为中心的发明观，有系统地贬低像原子弹这类计划中非学院与非物理学的关键成分。

的兴建，经手过的合约要比曼哈顿计划的整体费用还高出许多。[11]

在整个二战期间，原子弹的研发花费了 7 千万美元（以 1996 年的币值算来是 8 亿美元）。这在当时是非常大笔的一笔钱，但和其他的计划相比也算是同等级。当时开发两种形式的原子弹，假设每一种各花费了 3500 万美元，那大概是战前开发 DC4 客机的 10 倍经费，和今天开发一部新汽车的开支差不多。即便在美国，当时也有许多非常大型的计划。其中之一是雷达的开发；在日本占领了全世界最大的橡胶生产地区之后，也有极为大型的计划来制造新的合成橡胶；医学也有大型的计划，包括生产盘尼西林以及抗疟疾的化合物。这些都建立在过去数十年从尼龙与煤炭氢化到汽车与大型飞艇的大型研发经验上。

发明的速率是否增快？

由于数据的数量匮乏和质量不良，要说出关于发明模式变迁的历史故事会碰到很多问题。对任何宣称在任何特定历史时期，发明的速率或重要性出现显著变化的说法，我们都应该保持怀疑态度。可以获致这类结论的指标根本就不存在，而现有的指标则显示我们对这类结论应该小心谨慎。我们拥有关于发明的主要统计信息是专利的数量。专利是给予发明者的法律文件，让他们在固定时间内对其发明拥有专属权。然而，只有部分发明取得专利，而许多的开发*则无法申请专利。专利并不代表该项发明的重要性，或是背后科技的重要性。此外，不同国家采用不同的专利制度，而这些专利制度又随着时间而改变。也不是所有的发明者都想要申请专利。只有一小部分的专利曾得到运用；事实上，只有 10% 或更少的专利在其有效期内生效。异于大多数其他类型的财产，大多数的专利根本没有价值。专利是对于特定发明很特殊的一种法律主张，并不意味着该项发明曾经得到成功利用。[12]

然而，从专利的统计史里我们可以得到一些有用的线索。首先也许会让人相当惊讶的是，申请专利的速率并没有随着时间而出现显著的改变。在 1910 年到 1990 年之间，尽管美国人口出现增长，甚至还有更显著的经济增长，可是美国授予其居民的专利，仍旧是每年约 3 万 ~5 万件之间。在某些时期，特别是 20 世纪 30 年代早期，申请专

* 相对于创造或设计一种全新事物的“发明”，英文语境中“开发”（develop）带有“在特定方面做出改变”的意思。——编者注

利的活动显著地下降，这导致许多人相信美国的大型垄断企业阻碍了科技的进步。[13] 20 世纪 80 年代早期专利授予数量开始出现稳定的增长，而在 21 世纪初期，每年授予美国居民的专利达到约 8 万件。欧盟的专利增长则更为缓慢。本书稍早警告从这类统计数字得出过度推导的结论，关于这点可以进一步补充，如果光看专利申请数，20 世纪晚期日本的发明能力是美国的 3 倍，而韩国的发明能力则是美国的 2 倍。这点可信吗？

另一个看待这个议题的办法，是检视研发的支出。这是对某类发明活动的投入，而不是对所有发明活动的投入。这类支出大部分用在开发，而不是发明上。在 1900 年，研发的支出和经济规模相比是相当微小的，接下来一直到 20 世纪 60 年代，政府和产业的这类支出快速增长，其增长速度要比经济增长率高得多，在长荣景期尤其如此，富裕国家达到了国内生产总值的 3%。从 60 年代晚期开始，富裕国家研发支出的增长，大约和经济增长相当，这意味着研发占国内生产总值的比率几乎没有改变。由于就历史标准而言，从事研发的主要国家经济增长率相当低，因此在 20 世纪晚期，研发经费的增长率也减缓了。虽然研发经费的增长率下降相当可观，但除了少数几年有所减少之外，每年实际花费的金额仍旧是增加的。

研发支出的增加，意味着对发明与开发的投入，随着时间而有相当显著地增长。然而，这样的增加并没有带来任何专利数目的相对增长。这再一次显示，专利也许是很不好的发明指标，而它当然是很不好的开发指标。这可能也显示在 20 世纪，发明和开发的成本提高了。有些人认为，创新现在变得越来越琐碎而昂贵。[14] 制药业是研发生产力出现明显衰退的领域之一。美国食品药物管理局批准的新化学实体，在 1963 年到 20 世纪末之间数量翻倍：在 20 世纪六七十年代平均每年有 14 种，在 80 年代则出现增长，而在

90 年代达到平均每年 27 种。但在同一时期制药产业的研发开销则增长到几近原来的 20 倍。[15] 一般的解释是药物开发的成本增加了，尤其是临床试验变得更昂贵而费时。最近一项估计显示，制药工业每种获得批准的新化学实体，总研发费用大约是 4 亿美元，不过要注意的是，这包含了那些还没完成就中止的计划的成本，因此成功的计划的成本比这个数字低。[16]

还有另外一个因素需要考虑。NCE 指标没办法告诉我们获批准新药的有效性，或者这些新药彼此之间有什么差别。新药有可能比旧药好得多，但实际上和几十年前的产品相较，很少甚至没有什么重要的新药出现。制药公司投入巨资进行“差不多药物”的开发、试验与营销，它们是既有疗法的小变体。制药业在发明与开发更好但微不足道的东西。

制药公司的研发经费，占现在所有研发金额的 1/3 左右。制药业加上汽车产业的研发支出，则占了全球研发支出的一半左右。然而，相较于早先这两个产业研发支出很少的时代，现在很难看到它们开发出带来巨大差别的新产品。我们看不到像盘尼西林或 T 型汽车这样崭新或重要的产品。

生物科技又如何？这是所谓发明已经从企业实验室转移到他处的关键例子。只要看穿表面上的热潮，就会发现其纪录相当令人失望。传统制药业的发明率就已经很低了，其中更只有 1/4 的新药来自生物科技，如果采用更严格定义的话，比例还会更低。就算采取最宽松的定义，来自生物科技的药物也只不过占药物总销售的 7%。美国安进这家成立于 1980 年的领先的生物科技公司，在 2004 年的销售额，只有制药业前三、四名公司的 1/5 而已。创立于 1976 年的基因泰克这个行业先驱，在 2004 年的销售额是 40 亿美元。就销售而言，自 20 世纪 80 年代以来出现了 12 种重要的生物科技新药，其中有 3 种是用来取代既有药物的合成药物。相较于既有疗法而言，自 1986 年以来，只有 16 种生物科技新药有微弱优势。更有趣的是，就临床药效的增进而言，生物科技的创新已经在没落了，而在此一领域也出现了许多“差不多创新”。尽管私人与公共经费对这一领域的发明做了巨大的投资，但它对整体健康改善的影响却极为渺小，部分原因是这些药物是用来治疗罕见疾病的。[17]

难怪制药业和生物科技业投入公关营销的经费如此庞大。制药公司的营销经费高于研发经费，这告诉我们，它们卖的产品没有明显地比竞争对手来得好。盘尼西林不需要营销；那些小变体的药物才需要。

我们必须在这样的背景下，来考虑近年科技变迁快速增加最常举出的例子，那就是计算机的运算能力。它以惊人的高速增长。当年担任仙童半导体公司研发部主任的戈登 · 摩尔，日后成为英特尔公司的创始人之一，曾在 1965 年指出，集成电路上的晶体管数量在经济上可行的状况下，会以 20 世纪 60 年代早期的速率增长。他在 1975 年认为数目的增长会持续，但速率只有 1965 年的一半。增长率确实下降了，但增长的速度稳定地保持在大约是 1975 年所预测的速率。这一速率相当惊人。在 20 世纪 70 年代到 90 年代初之间，英特尔处理器的组件数目增长速率大概是每十年增长百倍。在 20 世纪 90 年代晚期这个增长速度还增加了，虽然没有达到 60 年代的水平。

连续四十年、每十年增长百倍的改变速度是史无前例的。20 世纪初以来的汽车产业看不到这样的现象。今天我们在其他领域也找不到这样的现象。这个例子无法代表总体技术变迁。

以过去的标准来看，现在并不是一个激进创新的时代。事实上，以今天的标准来看，过去显得特别具有创造力。我们只要想想在 1890 年到 1910 年的二十年间出现了多少明显的新产品，像是 X 光、汽车、飞机、电影与无线电，这些科技今天大多仍在持续扩张。

表 8.1　1997 年与 2003 年全球十大公司的研发支出
（单位为百万英镑，根据 1997 年与 2003 年的汇率换算）

公司名称	1997 年研发费用（百万英镑）	公司名称	2003 年研发费用（百万英镑）
通用汽车	4983.591	*福特汽车*	4189.71
福特汽车	3845.266	*辉瑞*	3983.58
西门子	2748.690	*戴姆勒克莱斯勒（DaimlerChrysler）*	3925.45
IBM	2617.601	*西门子*	3883.17
日立	2353.534	丰田汽车	3483.99
丰田汽车	2106.695	*通用汽车*	3184.18
松下电器	2032.720	松下电器	3019.18
戴姆勒－奔驰（Daimler-Benz）	1914.146	大众汽车	2917.14
惠普	1870.670	*IBM*	2826.1
爱立信电信（Ericsson Telefon）	1856.885	诺基亚	2802.99
朗讯科技	1837.243	*葛兰素史克*	2791.00
摩托罗拉	1670.111	*强生*	2616.61
富士通（Fujitsu）	1649.168	微软	2602.65
日本电气（NEC）	1629.157	英特尔	2435.62
艾波比（Asea Brown Boveri）	1614.805	索尼	2309.76
杜邦（El du Pont de Nemours）	1576.516	*爱立信*	2275.52
东芝	1554.453	*罗氏*	2152.67
诺华	1538.814	摩托罗拉	2106.59
英特尔	1426.401	*诺华*	2098.21
大众汽车	1487.240	*日本电报电话（NTT）*	2063.94

续表

公司名称	1997 年研发费用（百万英镑）	公司名称	2003 年研发费用（百万英镑）
日本电报电话	1535.634	*安内特*	2060.32
赫斯特	1348.656	惠普	2040.11
拜耳	1339.868	*日立*	1938.1
阿斯利康制药 (AstraZeneca)	1927.83	1927.83	

注：1914 年之前成立的公司以斜体字标示。就日本电报电话的例子而言，关键日期是日本电话系统与电报系统建立的时间，两者都在 19 世纪。

数据来源：2004 年与 1998 年研发累计表，http://www.innovation.gov.uk/projects/rd_scoreboard/downloads.asp。

表 8.2　工业类诺贝尔奖项

诺贝尔物理奖

获奖年度	得奖者	所属公司
1909	古列尔莫·马可尼	马可尼无线电报公司（Marconi Co.）
1912	尼尔斯·古斯塔夫·达伦（Nils Gustaf Dalén）	瑞典储气器公司〔Swedish Gas Accumulator Co.（AGA）〕
1937	克林顿·戴维森（Clinton Davisson）	贝尔实验室
1956	威廉·肖克利、约翰·巴丁（John Bardeen）、沃尔特·布拉顿（Walter Houser Brattain）	贝尔实验室
1971	丹尼斯·加博尔（Dennis Gabor）	英国汤森休斯敦〔British Thomson-Houston（AEI）〕
1977	菲利普·安德森（Philip Warren Anderson）	贝尔实验室
1978	阿尔诺·彭齐亚斯（Arno Penzias）	贝尔实验室
1986	格尔德·宾宁（Gerd Binnig）、海因里希·罗雷尔（Heinrich Rohrer）	IBM 瑞士
1987	约翰内斯·贝德诺尔茨（Johannes Georg Bednorz）、卡尔·米勒（Karl Alexander Müller）	IBM
1997	朱棣文（Steven Chu）	贝尔实验室
1998	霍斯特·斯特默（Horst L. Störmer）	贝尔实验室
2000	杰克·基尔比（Jack S. Kilby）	德州仪器

诺贝尔化学奖

获奖年度	得奖者	所属公司
1931	弗里德里希·贝吉乌斯	多家
	卡尔·博施	巴斯夫/法本公司
1932	欧文·朗缪尔(Irving Langmuir)	通用电气公司
1950	库尔特·阿尔德(Kurt Alder)	学术界/法本公司
1952	阿彻·马丁(Archer Martin)、理查德·辛格(Richard Synge)	利兹羊毛工业研究协会(Wool Industries Research Association, Leeds)

诺贝尔生理医学奖

获奖年度	得奖者	所属公司
1936	亨利·戴尔(Henry Dale)	学术界/宝来威康公司(Burroughs Wellcome)
1948	保罗·赫尔曼·穆勒(Paul Hermann Müller)	嘉基
1979	高弗雷·豪斯费尔德(Godfrey Hounsfield)	电子与音乐工业公司(EMI)
1982	约翰·罗伯特·范恩(John Vane)	学术界/威康公司
1988	詹姆斯·怀特·布莱克(James Black)	卜内门化学工业/史克美占(Smith, Kline & French, SKF)/威康公司
	格特鲁德·埃利恩(Gertrude Elion)、乔治·赫伯特·希青斯(George Hitchings)	威康公司(Wellcome USA)

结论

长久以来一直都有人说，我们活在“一个变迁日益快速”的时代；然而，有充分的证据显示，变迁不见得都会加快。衡量变迁是极为困难的，姑且让我们以富裕国家的经济增长作为粗糙的指标。富裕国家在第一次世界大战之前发展快速，接着在1913年到1950年之间，整体的发展速度减缓。在长荣景期有着惊人发展，此后的发展就不再那么强劲。换句话说，在两次大战之间的经济增长率，比1914年之前来得低；在1973年之后的平均经济增长率，要比1950年到1973年这段时间低得多。在20世纪70年代出现“生产力减缓”之后，富裕世界持续发展，但不再有历史空前的增长率。

自20世纪80年代以来，人们相信高增长率又回来了。这是可以谅解的，因为不只所谓“变迁不断加快”的说法甚嚣尘上，所谓新经济新时代的根本变革的言谈也朗朗上口。然而在美国、日本、欧盟与英国，20世纪90年代的增长率要比80年代来得低，80年代的增长率要比70年代来得低，而70年代的增长率又要比60年代来得低。[1]美国在20世纪90年代晚期的生产力似乎发展了；但究竟这是全面性的，还是仅限于计算机制造部门，却还有争议。[2]发展和变迁不是同一回事，但没有任何证据显示，最近几十年来富裕国家的结构性变迁比长荣景期那段时间来得快。未来导向的修辞再次低估了过去，而高估了现在的力量。

不是全世界每个地方都以同样的节奏发展，例如苏联在 20 世纪 30 年代发展非常快速，但是这段时间世界上其他的地方则非如此。尤其 70 年代之后，远东许多经济体发展非常快速，但这是从很低的起点开始增长的；特别是中国经济规模的增加，意味着它的增长足以实质地改变全球的统计数字。例如，中国使得全球钢铁生产的增长率与长荣景期相同。

过去三十年来，另一个重要的变迁特点是经济与发展的衰落。某些地方在 20 世纪最后的年头出现倒退。撒哈拉沙漠以南 7 亿非洲居民的人均所得，出现了从 1980 年的 700 美元，掉到世纪末 500 美元的悲惨状况。对大多数人来说更糟糕的是，此一人均所得的计算有 45% 来自南非，所以其他地方收入减少的恶化状况甚至更严重。[3]疟疾变得更加常见，而艾滋病这类新疾病更空前地横扫了整个非洲大陆。然而，这并非回归过往的世界，因为非洲大陆也有汽车和新型违建区，那是个未能建立起现代工业的快速都市化的世界。

1989 年之后，苏联及其昔日的卫星国经济出现严重的暴跌，暴跌达 20%、30% 乃至 40%，远超过 20 世纪 80 年代初期资本主义国家的经济衰退。虽然生产量的戏剧性衰退，无法被概括地形容为技术的倒退，但在某些地方，这样的现象是很明显的。从苏联独立出来的摩尔多瓦，失去了 60% 的经济产出。一份 2001 年的报告指出，“这个国家又重新使用纺纱轮、纺锤、牛油搅拌器、木制榨葡萄器以及石制的面包烤炉等”二战后随着经济发展而淘汰掉的机器。贝沙玛的民俗博物馆馆员宣称，“唯一的生存之道是完全的自给自足”，这意味着“将时间倒退回从前”。[4]正如我们前面提到的，古巴由于失去拖拉机的供应而扩张了牛的数目。

某些工业（像是拆船业）则是进入了新的低科技未来。中国台湾地区在 20 世纪 80 年代拥有全世界最大的拆船产业，拆卸的船只超过全世界拆船量的 1/3。90 年代早期中国台湾地区退出此一产业；现在拆船是由印度、巴基斯坦与孟加拉国主导，到了 1995 年这三个国家的拆船量已占全世界的 80%。[5]台湾的拆船业使用专门的船坞设施，但新的拆船业者则在海滩上使用最简单的设备，由数以万计的赤脚工人拆船。拆船之所以在这些地方进行，是因为当地对废铁的需求，但这些地方对废铁的使用方式迥然不同于其他时代与其他地方：这些废铁被再轧、再制，而不是用来炼成新的钢铁。

拆船业看似是技术倒退的首例，但实则不然；在 20 世纪早期就

图 27　巴西的航空母舰米纳斯吉拉斯号于 2004 年在印度古吉拉的阿兰海滩，以一种新形态、缺乏现代科技的方式拆除。阿兰海滩成为拆船产业最大的中心，也是新科技退化的惊人例子。这艘船原本的名字是英国皇家海军复仇号，于 1945 年下水；在造这艘船的时代，拆船是一个更为资本密集的产业。

有这样的现象。在开挖白海运河时，从来没人用过如此原始的方法来建造如此庞大的运河，马格尼托哥尔斯克*钢铁工业中心的设立也是如此。集体农场即便非常重视拖拉机，本身仍包含技术的倒退。然而数世纪以来，没有一个全球产业像拆船业这样倒退。

◎◎◎

这本书为那些看似老旧之物的重要性辩护，也恳切呼吁大家用新的方式看待科技世界的历史，这会改变我们看待这个世界的心态。其言外之意，也是恳切希望我们能用新的方式来思考科技的当下。

例如我们应该注意到，大多数的变迁是来自技术从一个地方移转到另一个地方，而这样巨大的变迁乃是来自技术水准的巨大落差。即便是富裕国家，彼此之间也有巨大的差异，对化石燃料的使用就是如此。如果美国能够将其能源使用程度降低到和日本一样，这对全球的整体能源使用就会有相当大的影响。然而，贫穷国家或富裕国家都不欢迎这样的想法，因为相较于创新，模仿被认为是很不可取的。模仿被视为是对自身创造性的否定，是把他人设计的东西强加到自己身上；人们不认为“发明是别人的事”是一种合理的政策建议，而是国家的耻辱。人们深切觉得掌握科技或科学的真义，就是要创造新的东西。对于这种不安，这本书意有所指的答案是：除了极少数特例，所有的国家、公司和个人都依赖他人的发明，模仿他人之处远多于自行发明。

创新的政策与做法，相关论点似乎也是如此。也就是说这些政策和做法在全世界都相同或相似，而表面看来这似乎是件好事。确实，全球的创新政策都惊人地缺乏原创性，而且许多这类政策都明白地呼

* 俄罗斯最大的钢铁工业中心。——编者注

吁，要模仿那些被认定是最成功的模式。然而，模仿既有的科技是很合理的，模仿他人的创新政策却可能是个错误。如果所有的国家、区域和公司对于应该从事怎样的研究都有一致的看法，那这就不是创新了；如果所有的国家都追求同样的研究政策，那可能不是一件好事，因为最后他们的发明很可能都会很相似，而即便这些发明在技术上都成功了，也只有少数会被采用。一位有智识的音乐家曾说："要是我知道爵士乐的未来何在，那我现在已经在那儿了。"

吊诡的是，当人们不想要改变时，呼吁要创新是种常见的用来规避改变的方法。宣称未来的科学和技术将能够处理全球变暖的问题，这种说法就是这样的例子。它所隐含的论点是，今天的世界只能拥有现况。然而，我们其实已经拥有以不同方式来做事的技术能力：我们并没有被科技所决定。

像这本书一样，避免将使用和发明/创新混为一谈，将大大影响我们如何思考新的事物如何产生。20世纪充满了各种发明与创新，所以大多数的发明与创新都必然失败。当我们决定不采用某样创新时，我们不需要担心自己是否在抗拒创新或是落后于时代。活在一个充满发明的时代，使得我们必须拒绝大多数的发明。尽管利益相关的权威或政府告诉我们一定得接受某些科技，像是转基因作物，但我们总是拥有自由可以反对我们不喜欢的科技，总是有替代的科技以及备选的创新路径。发明的历史并未告诉我们未来是单一而必然的，不能适应就会遭到淘汰；发明的历史所记录的是许许多多无法实现或是接续在过去之上的未来。

我们应该自由自在地研究、开发、创新，即便是在老掉牙的未来主义思考方式认定为已经过时的领域，也应如此。大多数的发明还是会失败，未来仍旧是不确定的。研究政策的关键难题是，如何确保有更多的好想法，也因而有更多失败的想法。发明与创新的政策要能够成功，关键之一是在正确的时机将计划停掉，但是这样做意味着，要批判性地看待那些鼓吹对发明进行资助并为之辩护的夸张说法。

虽然我们能够终止计划，但人们常说我们无法让已经发明出来的科技消失掉，这种说法通常意味着我们不能抛弃它们。这种观念本身就是把发明与科技混为一谈的实例，其实大多数的发明都因为被忘记或遗失，而遭到抛弃。随着世界经济的增长，有些东西不再被使用，包括从 20 世纪 70 年代就开始没落的石棉和含氟氯烃气体（CFC gas）这类制冷剂。科学家和工程师的新任务之一，是要积极地让已有的科技消失，要废弃其中某些科技，例如核电厂，是相当艰巨的任务。

科技是什么？科技从何而来？科技能做些什么？思考科技的过去能让我们对这类“科技的问题”有所洞见。* 然而这本书所要做的，远超过用历史范例来回答这个古老而有趣的问题。本书的主要关切并非科技的问题，而是历史中的科技，本书探询的问题是科技在更宽广的历史过程中的位置。这个重要的区别并非如此明显，但是要对科技有适当的历史理解，它却是关键。这个区分会让我们丢开发明，也不再把“科技变迁”以及“形塑科技”当成是科技史的关键问题。科技史可以更加广阔，而且能帮我们重新思考历史。

我们如果对科技与社会的历史关系感兴趣，不只需要对我们所使用的科技提出新说法，也得对我们所生活的社会有新看法。现有的 20 世纪科技史都嵌置在世界史的特定预设中，而世界史则又嵌置在关于科技变迁及其影响的本质的特定预设中：它们通常早就未曾言明地彼此相互界定。因此，包含此一新说法的社会史，和过去的社会史

* “科技的问题”通常意味着对科技进行哲学式乃至本体论式的探讨，这方面最知名的典型代表作之一，是德国哲学家海德格尔于 1954 年出版的《关于科技的问题》（*The Question Concerning Technology*）这篇文章。编者按：已有的简体中译作《技术的追问》，收录于《演讲与论文集》，马丁 · 海德格尔著，孙周兴译，生活 · 读书 · 新知三联书店 2005 年版。

大不相同，例如：新说法会把新型贫穷世界的扩张视为关键的议题，这一世界处于战火不断的状态，数以百万计的人遭到杀害或虐待。新说法对全球科技景观的描述，必然非常不同于既有的全球史和科技史，而此一说法或许会修正我们对于世界史的看法。

重新思考科技史，必然要重新思考世界史，这同时显示了科技在20世纪的重要性，以及科技对于理解20世纪的重要，例如，我们不应该再认为新科技无可避免地会导致全球化；相反，自给自足的科技使得世界经历了一番去全球化的过程，而帝国在其中扮演了重要的角色。文化并没有滞后于科技，而是相反；认为文化滞后于科技的想法，曾经存在于许多不同的科技时代，这种想法本身就非常陈腐。大体而言，科技并不是一种革命性的力量；科技在维持现状与改变现状这两方面可以发挥等量齐观的作用。20世纪的生产力毫无疑问是发展了，但科技究竟在其中发挥怎样的作用，却仍旧是个谜；不过我们并没有进入无重量、去物质化的信息世确实是改变了，但这种改变并不吻合传统的科技时间线的节奏。

如果将真正重要的科技纳入考虑，我们会看到很不一样的历史：重要的科技不仅包括惊人的著名科技，也包括那些无所不在的低科技。对使用中的事物以及使用事物的方式进行历史研究是很重要的。

注释

导论

1. Michael McCarthy, ‘Second Century of Powered Flight Is heralded by jet’s 5,000mph record’, Independent, 29 March 2004, pp. 14-15.
2. Milton O. Thompson, *At the Edge of Space: the X-15 Flight Program* (Washington: Smithsonian Institution Press, 1992).
3. http://www.nasa.gov/missions/research/x-43_overview.html (2004 年 3 月 24 日访问)。译者按：该网页现已移除，关于 X-43A 的相关资讯，可搜寻美国国家航空航天局官方网站，或参阅 http://www.nasa.gov/missions/research/x43-main.html (2012 年 12 月 22 日访问)。
4. David Edgerton, ‘De l’ innovation aux usages. Dix thèse éclectiques sur l’ histoire des techniques’, *Annales HSS*, July-October 1998, Nos. 4-5, pp. 815-37. 译者按：繁体中译本参见大卫·艾杰顿著，李尚仁、方俊育合译，《从创新到使用：十道兼容并蓄的科技史史学提纲》，收入吴嘉苓、傅大为、雷祥麟主编，《STS 读本 II：科技渴望性别》（台北：群学出版社，2004），页 131—170。Svante Lindqvist, ‘Changes in the Technological Landscape: the temporal dimension in the growth and decline of large technological systems’, in Ove Granstrand (ed.), *Economics of Technology* (Amsterdam: North Holland, 1994), pp. 271-88。此研究的取径有别于长久以来关于使用者如何影响创新与发明的研究兴趣，后者的范例包括 Ruth Schwartz Cowan, ‘The consumptionjunction: a proposal for research strategies in the sociology of technology,’ in W. Bijker, et al. (eds), *The Social Construction of Technological Systems* (Cambridge, MA: MIT Press, 1987); Ruth Oldenzeil, ‘Man the Maker, Woman the Consumer: The Consumption Junction Revisited,’ in Londa Schiebinger et al., *Feminism in Twentieth-Century Science, Technology and Medicine* (Chicago: Chicago University Press, 2001); Nelly Oudshoorn and Trevor Pinch (eds.), *How Users Matter: the Co-construction of Users and Technology* (Cambridge, MA: MIT Press, 2003).
5. Bruno Latour, *We Have Never Been Modern* (New York: Harvester Wheatsheaf,

1993), pp. 72-76. 译者按：此书已有中译，繁体字版：布鲁诺·拉图尔著，林文源等译，《我们从未现代过》（台北：群学，2012），页177—186。简体字版：刘鹏、安涅思译，《我们从未现代过》（苏州大学出版社，2010）。

6. Lester Brown et al., *Vital Signs* (London: Earthscan, 1993), pp. 86-9.

第一章 重要性

1. 这是我对 Thomas Parke Hughes, *American Genesis: a Century of Invention and Technological Enthusiasm* (New York：Viking, 1989) 以及以下的新教科书的解读：Ruth Schwartz Cowan, *A Social History of American Technology* (New York: Oxford University Press, 1997), Carroll Pursell, *The Machine in America: a Social History of Technology* (Baltimore: Johns Hopkins University Press, 1995) , Thomas J. Misa, *Leonardo to the Internet: Technology and Culture from the Renaissance to the Present* (Baltimore: Johns Hopkins University Press, 2004)。后者也处理到1900到1950年的现代建筑。也请参阅 Bertrand Gille, *Histoire des Techniques* (Paris: Gallimard La Pléiade, 1978) trans as *The History of Techniques* (New York: Gordon and Breach Science Publisher, 1986), 2 vols., Robert Adams, *Paths of Fire: an Anthropologist' s Enquiry into Western Technology* (Princeton: Princeton University Press, 1996), Donald Cardwell, *The Fontana History of Technology* (London: Fontana , 1994) and R.A. Buchanan, *The power of the Machine: Impact of Technology from 1700 to the present*(London：Penguin, 1992)；以及以下所讨论到与 Christopher Freeman 有关的长波 (long-wave) 文献。
2. Schwartz Cowan, *Social History*, p. 211.
3. Christopher Freeman and Francisco Louçã, *As Time Goes By: from the Industrial Revolutions to the Information Revolution* (Oxford: Oxford University Press, 2002) 全书，但请注意页141的摘述图表。
4. Harry Elmer Barnes, *Historical Sociology: Its Origins and Development. Theories of Social Evolution from Cave Life to Atomic Bombing* (New York: Philosophical Library, 1948), p.145.
5. Ernest Mandel, *Marxist Economic Theory* (London: Merlin Press, 1968), p.605.
6. 对马克思主义者 Harry Braverman 而言，这场科学—技术革命有着远为广泛的基础，且在19世纪晚期就很显著了。参见 Braverman, *Labor and Monopoly Capital* (New York: Monthly Review Press, 1974)。
7. *You and Your survey*, April 2005, BBC Radio 4, http://www.bbc.co.uk/radio4/youandyours/technology_launch.shtml.
8. R. W. Fogel, 'The new economic history: its findings and methods', *Economic History Review*, Vol.19 (1966), pp.642-56.
9. Henry Porter, 'Life BC (Before the Age of the Computer)', *The Guardian*, 14 February 1996.
10. *The Net*, BBC 2, 14 January 1997.
11. Charles W Wootton and Carel M. Wolk, 'The Evolution and Acceptance of the Loose-

leaf Accounting System, 1885-1935', *Technology and Culture*, Vol.41(2000), pp.80-98

12．参见 Martin Bauer (ed.), *Resistance to New Technology: Nuclear Power, Information Technology and Biotechnology* (Cambridge: Cambridge University Press,1995).

13．Gijs Mom, *The Electric Vehicle: Technology and Expectations in the Automobile Age* (Baltimore: Johns Hopkins University Press, 2004), p.144.

14．前引书，pp 31-2.

15．Gijs Mom, 'Inter-artifactual technology transfer: road building technology in the Netherlands and competition between brick, macadam, asphalt and concrete', *History and Technology*, Vol.20 (2004), pp.75-96.

16．Mark Harrison, 'The Political Economy of a Soviet Military R&D Failure: Steam Power for Aviation, 1932 to 1939', *Journal of Economic History*, Vol.63 (2003), pp.178-212.

17．Eric Schatzberg, 'Ideology and Technical Choice: the decline of the wooden airplane in the United States, 1920-1945', *Technology and Culture*, Vol.35 (1994), pp.34-69, and *Wings of Wood, Wings of Metal: Culture and Technical Choice in American Airplane Materials, 1914-1945* (Princeton: Princeton University Press, 1998).

18．G. M. G. McClure, 'Changes in Suicide in England and Wales, 1960-1997', *The British Journal of Psychiatry* vol. 176 (2000), pp.64-7.

19．参见 Ted Porter, *Trust in Numbers: the Pursuit of Objectivity in Science and Public Life* (Princeton: Princeton University Press, 1995).

20．这些数字是来自圣玛丽 (St Mary's) 医院的外科医师 Dickson-Wright，其计算出自 James Foreman-Peck, *Smith and Nephew in the Health Care Industry* (Aldershot: Edward Elgar, 1955).

21．Tomi Davis Biddle, *Rhetoric and Reality in Air Warfare: the Evolution of British and American Ideas about Strategic Bombing, 1914-1945*(Princeton: Princeton University Press, 2002) and Walt Rostow, *Pre-invasion Bombing Strategy: General Eisenhower's Decision of March 25, 1994* (Austin: University of Texas Press, 1981), pp.20-21

22．Sir Arthur Harris, *Despatch on War Operations 23 February to 8 May 1945* (October 1945) (London: Frank Cass, 1995), p.40.

23．前引书，p.30.

24．前引书，p.39, 第 205 条。

25．关于施佩尔的审讯，参阅 Sir Charles Webster and N. Frankland, *The Strategic Air Offensive against Germany, 1939-1945*, Vol. IV, *Annexes and Appendices* (London: HMSO, 1961), p. 383.

26．这些专家包括保罗 · 尼采（Paul Nitze）以及约翰 · 肯尼思 · 加尔布雷思（John Kenneth Galbraith）。参见 Biddle, *Rhetoric and Reality in Air Warfare*, p.271.

27．Nobel Frankland, *History at War: the Campaigns of an Historian* (London: Giles de la Mare, 1998).

28．Webster and Frankland, *Strategic Air Offensive*, Appendix 49 (iii).

29．United States Strategic Bombing Survey: Summary Report (Pacific War), 1 July 1946

(Washington: United States Government Printing Office, 1946). 可网络查询。

30. 前引书。

31. 前引书，p.25.

32. 前引书。

33. Notes of the Interim Committee Meeting, 31 May 1945, http://www.trumanlibrary.org/whistlestop/study_collections/bomb/large/interim_committee/text/bmi4tx.htm .

34. Memorandum for Major General L. R. Groves regarding the Summary of Target Committee Meetings on 10 and 11 May 1945 at Los Amos, 12 May 1945. http://www.trumanlibrary.org/whistlestop/study_collections/bomb/large/groves_project/text/bma13tx.htm. 京都后来被美国政府排除在目标之外。

35. Jacob Vander Meulen, *Building the B-29* (Washington: Smithsonian Institution Press, 1995), p.100.

36. 这些数字来自布鲁金斯研究所（Brookings Institute）非凡的研究，Stephen I. Schwartz, *Atomic Audit: The Costs and Consequences of U.S. Nuclear Weapons since 1940* (Washington: Bookings Institution Press, 1998).

37. Barton J. Bernstein, 'seizing the Contested Terrain of Early Nuclear History: Stimson, Conant, and their Allies Explain the Decision to Use the Atomic Bomb', *Diplomatic History*, Vol.17 (1993), pp. 35-72 and 'Understanding the Atomic Bomb and the Japanese Surrender: Missed Opportunities, Little-known Near Disasters, and Modern Memory', *Diplomatic History*, Vol. 19 (1995), pp.227-73.

38. R. V. Jones. *Most Secret War: British Scientific Intelligence 1939-1945* (London: Hamish Hamilton, 1978) and *Reflection on Intelligence* (London: Heinemann, 1989).

39. Michel J. Neufeld, *The Rocket and the Reich: Peenemunde and the Coming of the Ballistic Missile Era* (Washington: Smithsonian Institution Press, 1995), p.264.

40. 此数字来自布鲁金斯研究所的研究，Schwartz, Atomic Audit.

41. http://www.teflon.com.

42. http://www.tefal.com.

43. 在此之前美国人已经通过一处核设施利用核能产生电力，苏联则已经将核能连上电网。

44. P. D. Henderson, 'Two British Errors: their probable size and some possible lessons', *Oxford Economic Papers* (July 1977), pp.159-94. 译者按：这是对英国核能计划一份令人震惊的成本效益分析，文中对二战后的政治文化与高科技有些重要的一般性评论。

45. 例外之一是以下这本令人赞叹的著作：Andrea Tone, *Devices and Desires: a History of Contraceptives in America* (New York: Hill and Wang, 2001).

46. 此一数字来自伦敦橡胶公司（LRC, the London Rubber Company），该公司实际上垄断了英国的避孕套市场。Monopoly and Mergers Commission, *Contraceptive Sheaths* (London: HMSO, 1975), Appendix 8. 译者按：杜蕾斯（Durex）是该公司所使用的避孕套商标名称。

47. Hera Cook, *The Long Sexual Revolution: English Women, Sex, and Contraception, 1800-*

1975 (Oxford: Oxford University Press, 2004), pp.271-4, 319-37.

48. Tone, *Devices and Desires*, p.268.

49. Mark Harrison, *Disease and the Modern World* (Cambridge: Polity Press, 2004)

50. Claire Scott 提供我此一信息。

51. 引自 Edmund Russell, *War and Nature: Fighting Humans and Insects with Chemicals from World War I to Silent Spring* (Cambridge: Cambridge University Press, 2001), p.117.

52. Socrates Litsios, 'Malaria Control, the Cold War, and the Postwar Reorganization of International Assistance', *Medicine Anthropology*, Vol. 17, No. 3 (1997), and Paul Weindling, 'The Uses and Abuses of Biological Technologies: Zyklon B and Gas Disinfestation between the First World War and the Holocaust', *History and Technology*, Vol.11 (1994), pp.291-8

53. Gordon Harrison, *Mosquitoes, Malaria and Man* (London: John Murray, 1978), p. 258

第二章 时间

1. George Kubler, *The Shape of Time: Remarks on the History of Things* (New Haven:Yale University Press, 1962), p. 80.

2. Rudolf Mrázek, *Engineers of Happy Land: Technology and Nationalism in a Colony* (Princeton: Princeton University Press, 2002) p. 239, n. 93.

3. Anthony Smith (ed.), *Television: an International History* (Oxford: University Press, 1995).

4. 某些非洲国家确实很晚才有电视，主要的落后者如南非（一个特殊的案例）、尼日尔、莱索托、喀麦隆、乍得、中非共和国、安哥拉、莫桑比克、吉布提 (Djibouti) 与桑给巴尔 (Zanzibar) 在 20 世纪七八十年代之前还没有电视。

5. 在 1961 年，英国铁路 60% 的资本存量 (capital stock)，以及港口、船坞与运河 50% 的资本存量，都是在 1920 年之前建设的。参见 Geoffrey Dean, 'The Stock of Fixed Capital in the United Kingdom in 1961', *Journal of the Royal Statistical Society*, A, Vol. 127 (1964), pp. 327-51.

6. E. J. Larkin and J. G. Larkin, *The Railway Workshops of Britain 1823-1986* (London: Macmillan, 1988), pp. 230-33.

7. *Historical Statistics of the United States: Colonial Times to 1957* (Washington: US Bureau of the Census, 1960), pp. 289-90.

8. Colin Tudge, *So Shall We Reap* (London: Allen Lane, 2003), p. 9.

9. John Singleton, 'Britain's Military Use of Horses 1914-1918', *Past and Present* 139 (1993).

10. R. L. DiNardo and A. Bay, 'Horse-Drawn Transport in the Germany Army', *Journal of Contemporary History*, Vol. 23(1988), pp.129-41.

11. 相较之下，拿破仑战争时萨克森师团（Saxon Division）有 300 匹驮马（马和人的比例是 1:120）。http://www.napoleon-series.org/military/organization/c_saxon11.html.

12. M. Henriksson and E. Lindholm, 'The use and role of animal draught power in Cuban Agriculture: a field study in Havana Province', *Minor Field Studies*, 100 (Swedish University of Agricultural Sciences, Uppsala, 2000), citing Arcadio Ríos, *Improving Animal Traction Technology in Cuba* (Instituto de Investigación Agropecuaria (IIMA), Havana, 1998).

13. Timothy Leunig, ‘A British industrial success: productivity in the Lancashire and New England cotton spinning industries a century ago’, *Economic History Review*, Vol. 56 (2003), pp. 90-117.
14. John Singleton, *Lancashire on the Scrapheap: the Cotton Industry, 1945-1970* (Oxford: Oxford University Press, 1991), pp.93-4.
15. Ibid., pp.322.
16. Tanis Day, ‘Capital-Labor substitution in the home,’ *Technology and Culture*, Vol. 33 (1992), p.322.
17. 两次大战之间某些欧洲白人知识分子对西方工业文明的批判，立足于颂赞非洲与亚洲古老而较不腐败的文明，带有高贵野蛮人（noble savage）的论调。只有极少数的非白人知识分子本身提出这样的批判，其中包括泰戈尔与甘地。参见 Michael Adas, *Machines as the Measure of Men: Science, Technology and Ideologies of Western Dominance* (Ithaca: Cornell University Press, 1989), pp. 380-401.
18. Gustavo Riofrio and Jean-Claude Driant, *¿Que Vivienda han construido? Nuevos Problemas en viejas brriadas* (Lima : CIDAP/IFEA/TAREA, 1987).
19. *Slum of the World*, p. 25-quoted in Mike Davis, ‘Planet of Slums’, New Left Review, second series, No. 26 (2004), pp.5-34.
20. http://www.ucl.ac.uk/dpu-projects/Global_Report/pdfs/Durban/pdf *Understanding Slums: Case Studies for the Global Report on Human Settlements* (Development and Planning Unit, University College London). See http://www.ucl.uk/dpu-projscts/Global_Report/.
21. Julian Huxley, *Memories* (London: Allen & Unwin, 1970), Vol. 1, p.269.
22. Davis, ‘Planet of Slums’, p. 15.
23. Jean Hatzfield, *A Time for Machetes. The Rwandan Genocides: the Killers Speak, trans. Lind Coverdale* (London: Serpent’s Tail, 2005), pp. 71-5. (First published in French, 2003).
24. 在 2000 年使用石棉最多的十个国家是：俄罗斯 44600 吨；中国 410000 吨；巴西 182000 吨；印度 125000 吨；泰国 120000 吨；日本 99000 吨；印度尼西亚 55000 吨；韩国 29000 吨；墨西哥 27000 吨；白俄罗斯 25000 吨 。这些国家占了全球用量的 94%。Robert L. Virta, ‘Worldwide Asbestos Supply and Consumption Trends from 1900 to 2000’, US Geological Survey, Reston, VA, http://pubs.usgs.guv/of/2003/of03-083/of03-083-tagged.pdf
25. Appendix 8 of ‘The socio-economic impact of the phasing out of asbestos in South Africa’, a study undertaken for the Fund for Research into Industrial Development, Growth and Equity (FRIDGE), Final Report, http://www.nedlac.org.za/research / fridge/asbestos/.
26. Patrick Chamoiseau, *Texaco* (London: Granta, 1997).
27. 这个名词也用于语言，指的是殖民地前身是奴隶者的语言，主要是在加勒比海地区，英文、法文、葡萄牙文与西班牙文简化而成的洋泾浜（pidgin）转变为独立的“克里奥尔语”（creoles）。关于语言，参见 Ronald Segal, *The Black Diaspora* (London:

Faber, 1995), Chapter 34.

28. Carl Riskin, 'Intermediate Technology in China's rural industries,' in Austin Robinson (ed.), *Appropriate Technologies for Third World Development* (London: Macmillan, 1979), pp. 52-74.

29. World Watch Institute, *Vital Signs 2003-2004* (London: Earthscan, 2003).

30. 我受惠于以下这本绝妙的书，Rob Gallagher, *The Rickshaws of Bangladesh* (Dhaka: The University Press, 1992)。

31. Tony Wheeler and Richard l' Anson, *Chasing Rickshaws* (London: lonely Planet, 1998)

32. Erik E. Jansen, et al., *The Country Baots of Bangladesh: Social and Economic Development Decision-making in Inland Water Transport* (Dhaka: The University Press, 1989).

33. http://www.sewusa.com/Pic_Pages/singerpicpage.htm.

34. Robert C. Post, '"The last steam railroad in America" : Shaffers Crossing, Roanake, Virginia, 1958', *Technology and Culture*, 44 (2003), p. 565.

35. Tim Mondavi, quoted in *Independent*, 8 January 2002.

第三章 生产

1. 参见 Paul Hirst and Jonathan Zeitlin, 'Flexible specialisation versus Post-Fordism: theory, evidence and policy implications', *Economy and Society*, Vol.20(1991), pp.1-56.

2. 两次世界大战之间北欧国家的国民所得估算包含了家庭生产，参见 Duncan Ironmonger, 'Household Production', *International Encyclopedia of the Social & Behavioral Sciences* (Oxford: Elsevier Science, 2001), pp.9-10

3. Sandra Short, 'Time Use accounts in the household satellite account', *Economic Trends* (October 2000).

4. Siegfried Giedion, *Mechanization Takes Command: a Contribution to Anonymous History* (New York: Oxford University Press, 1948; W. W. Norton edition, 1969).

5. 正如以下这两篇深具洞见的著作所指出，Sue Bowden and Avner Offer, 'Household appliances and the use of time: the United States and Britain since the 1920s', *Economic History Review*, Vol. 67 (1994), pp. 725–48; Ralph Schroeder, 'The Consumption of Technology in Everyday Life: Car, Telephone, and Television in Sweden and America in Comparative-Historical Perspective', *Sociological Research* Online, Vol. 7, No. 4.

6. Claude S. Fischer, *America Calling: a Social History of the Telephone to 1940*(Berkeley: University of California Press, 1992).

7. Ronald R. Kline, *Consumers in the Country: Technology and Social Change in Rural America* (Baltimore: Johns Hopkins University Press, 2000), pp. 78–9.

8. *Historical Statistics of the United States: Colonial Times to 1957*(Washington: US Bureau of the Census, 1960), pp. 284–5.

9. 美国普查的资料参见 Katherine Jellison, *Entitled to Power: Farm Women and Technology*

1913–1963 (Chapel Hill: University of North Carolina Press, 1993), pp. 54–5.

10. Ibid., p. 61.

11. Giedion, *Mechanization Takes Command*, pp. 614–6.

12. Ben Fine et al., *Consumption in the Age of Affluence: the World of Food* (London: Routledge, 1996), p. 40.

13. 细节请见诺贝尔基金会（Nobel Foundation）的网站 www.nobel.se。

14. http://www.aga.com/web/web2000/com/WPPcom.nsf/pages/History_GustafDalen. AGA history site homepage: http://www.aga.com/web/web2000/com/WPPcom.nsf/pages/History_Home?OpenDocument.

15. Jordan Goodman and Katrina Honeyman, *Gainful Pursuits: the Making of Industrial Europe, 1600–1914* (London: Edward Arnold, 1988).

16. R. B. Davies, *Peacefully Working to Conquer the World: Singer Sewing Machines in Foreign Markets, 1854–1920* (London: Arno Press, 1976), p. 140, 引用于 Sarah Ross, 'Dual Purpose: the working life of the domestic sewing machine', MSc dissertation, Imperial College, London, 2003.

17. Frank P. Godfrey, *An International History of the Sewing Machine* (London: Robert Hale, 1982), p. 157.

18. Ibid., p. 281.

19. http://www.ibpcosaka.or.jp/network/e_trade_japanesemarket/machinery_industry_goods/sewing96.html.

20. Richard Smith, 'Creative Destruction: capitalist development and China's environment', *New Left Review*, No. 222 (1997), p. 4.

21. http://reference.allrefer.com/country-guide-study/china/china171.html.

22. 此一洞见来自 Sarah Ross, 'Dual Purpose'.

23. Arnold Bauer, *Goods, Power, History: Latin America's Material Culture* (Cambridge: Cambridge University Press, 2001), pp. 170–71, f, Paul Doughty, *Huaylas: an Andean District in Search of Progress* (Ithaca: Cornell University Press, 1968) 以及 *Young India*, 13 November, 1924 in M. K. Gandhi, *Man Vs. Machine* (edited by Anand T. Hingorani) (New Delhi and Mumbai: Bharatiya Vidya Bhavan, 1998). 现已有网络版 http://web.mahatma.org.in/books/s.

24. 作者于 2003 年 8 月的观察。

25. *Young India*, Gandhi, *Man Vs. Machine.*

26. M. K. Gandhi, *Harijan*, 13 April 1940; 参见 http://web.mahatma.org.in. 也可参见 M. K. Gandhi, *An Autobiography, Or the Story of My Experiments with Truth*, trans. by Mahadev Desai (Ahmedabad: Navajivan Publishing House, n.d.), pp.407–14; 影印扫描的网络版参见 http://web.mahatma.org.in.

27. Joel Mokyr, *The Gifts of Athena: Historical Origins of the Knowledge Economy* (Princeton: Princeton University Press, 2002), pp. 150–51.

28. John Ardagh, *France*, third edition (Harmondsworth: Penguin, 1977), p. 419.

29. Paul Ginsborg, *A History of Contemporary Italy, 1943–1980* (London: Penguin, 1990), p. 29.
30. 'Epameinondas'，这篇声明的出处是自马克·马卓尔（Mark Mazower）引用的档案数据，参见其 *Inside Hitler's Greece: the Experience of Occupation, 1941–1944* (London: Yale University Press, 1993), pp. 312–3.
31. Eirik E. Jansen, et al., *The Country Boats of Bangladesh. Social and Economic Development and Decision-making in Inland Water Transport* (Dhaka: The University Press, 1989), pp. 103–5.
32. http://www.livinghistoryfarm.org/farminginthe20s/machines_08.htm.
33. Jellison, *Entitled to Power*, p. 110.
34. Ibid., p. 36.
35. Ibid., chapter 6.
36. Jakob Mohrland, *The History of Brunnental – 1918–1941*, interview of 16 January 1986; http://www.brunnental.us/brunnental/mohrland.txt.
37. Sheila Fitzpatrick, *Stalin's Peasants: Resistance and Survival in the Russian Village after Collectivisation* (New York: Oxford University Press, 1994), p. 136.
38. Ibid., p. 138.
39. Angus Maddison, *Dynamic Forces in Capitalist Development: a Long-run Comparative View* (Oxford: Oxford University Press, 1991), p. 150.
40. Deborah Fitzgerald, 'Farmers de-skilled: hybrid corn and farmers' work', *Technology and Culture*, Vol. 34 (1993), pp. 324–43.
41. Simon Partner, 'Brightening Country Lives: selling electrical goods in the Japanese countryside, 1950–1970', *Enterprise & Society*, Vol. 1 (2000), pp. 762–84.
42. A. J. H. Latham, *Rice: the Primary Commodity* (London: Routledge, 1998), pp. 6–7.
43. John McNeill, *Something New under the Sun: an Environmental History of the Twentieth Century* (London: Penguin, 2000), pp. 225–6.
44. Dana G. Dalrymple, *Development and Spread of High-yielding Rice Varieties in Developing Countries* (Washington DC: Agency for International Development, 1986)，以及以小麦为主题的姊妹作。
45. 牛肉生产出现了类似但比较没那么戏剧性的变化：在 1960 年全世界约有 10 亿头牛，在 20 世纪末约有 13 亿头。然而以重量来计算，期间牛肉和小牛肉的产量翻倍。
46. William Boyd, 'Making Meat: Science, Technology, and American Poultry Production', *Technology and Culture*, Vol. 42 (2001), Table 1, p. 637.
47. Julian Wiseman, *The Pig: a British History* (London: Duckworth, 2000), pp. 155–6.
48. Richard Barras, 'Building investment is a diminishing source of economic growth', *Journal of Property Research* (2001), 18(4) 279–308，提供了英国的数据。
49. Craig Littler, 'A history of "new" technology', in Graham Winch (ed.) *Information Technology in Manufacturing Process: Case Studies in Technological Change* (London: Rossendale, 1983), p. 142.

50．Ginsborg, *Italy,* p. 239.

51．Stefano Musso, 'Production Methods and Industrial Relations at FIAT (1930–1990), 收录于 Haruhito Shiomi and Kazuo Wada (eds.), *Fordism Transformed: the Development of Production Methods in the Automobile Industry* (Oxford: Oxford University Press, 1995), p. 258.

52．Ginsborg, *Italy*, p. 240.

53．*Oxford Economic Atlas of the World*, fourth edition (Oxford: Oxford University Press, 1972), p. 55.

54．Paul R. Josephson, ' "Projects of the Century" in Soviet History: Large-scale Technologies from Lenin to Gorbachev', *Technology and Culture*, Vol. 36(1995), pp. 519–59.

55．Philip Scranton, *Endless Novelty: Specialty Production and American Industrialization, 1865–1925* (Princeton: Princeton University Press, 1997, paperback, 2000).

56．这可清楚见诸此观念提倡者之一的著作，Danny T. Quah, 'Increasingly Weightless economies', *Bank of England Quarterly Bulletin*, February 1997.

57．*Independent*, 15 September 2003.

58．Martin Lockett, 'Bridging the division of labour? The case of China', *Economic and Industrial Democracy*, Vol. 1 (1980), pp. 447–86.

59．参见 *Journal of Peasant Studies*, Vol. 30, Nos. 3 and 4 (2003) 的专号。

第四章 保养

1．Langdon Winner, *Autonomous Technology: Technics-out-of Control as a Theme in Political Thought* (Cambridge, MA: MIT Press, 1977), p. 183.

2．前引书 , p.173.

3．Karl Wittfogel, *Oriental Despotism: A Comparative Study of Total Power* (New Haven: Yale University Press, 1957).

4．Lewis Mumford, 'Authoritarian and Democratic Technics', *Technology and Culture*, Vol. 5 (1964), pp. 1-8.

5．Ivor H. Seeley, *Building Maintenance*, second edition (London: Macmillan, 1987).

6．United Nations, *Maintenance and Repair in Developing Countries: Report of a Symposium*… (New York: United Nation, 1971).

7．Arnold Pacey, *The Culture of Technology* (Oxford: Blackwell, 1983), p. 38.

8．保养和维修的支出相对于投资的比率，在不同的产业部门之间差异很大。在 1961 年到 1993 年之间，林业是超过 100%，建筑业是 75%，制造业是 50%，服务业只刚刚超过 10%。Ellen R. McGrattan and James A Schmitz, Jr, 'Maintenance and Repair: Too Big to Ignore', *Federal Reserve Bank of Minneapolis Quarterly Review,* Vol. 23, No. 4, Fall 1999, Table 3.

9．前引文 , pp. 2-13.

10．Michael J. Duekerz and Andreas M. Fischer, 'Fixing Swiss Potholes: the Importance and

Cyclical Nature of Improvements', November 2002, http://www.sgv.ch/documents/Congres_2003/papers_jahrestagung_2003/b5-fixing per cent20Swiss per cent20Potholes.pdf

11. Commenwealth Bureau of Cenus and Statistics, *Capital and Maintenance Expenditure by Private Business in Australia, 1953-1959*, Canberra, 1959.
12. 30 亿英镑这个数字来自英国科技部（Ministry of Technology）一份简略而缺乏实质内容的报告，*Report on the Working Party on the Maintenance Engineering* (London: HMSO, 1970)。
13. S. Brand, *How Buildings Learn: What Happens after They're Built* (London: Penguin, 1994), p.5.
14. Roger Bridgman, 'Instructions for use as a source for the history of technology', MSc dissertation, University of London, 1997.
15. Gijs Mom, *The Electric Vehicle: Technology and Expectations in the Automobile Age* (Baltimore: Johns Hopkins University Press, 2004).
16. Henry Ford, *My Life and Work* (Garden City, NY: Doubleday, Page & Co., 1922). 网络版见 www.gutenberg.org.
17. E. B. White, *Farewell to Model T* (first published 1936) (New York: The Little Bookroom, 2003), p. 13.
18. Stephen L. McIntyre, 'The Failure of Fordism: reform of the automobile repair industry, 1913-1940', *Technology and Culture, Vol. 41* (2000), p. 299.
19. Admiral of the Fleet Lord Chatfield, *It Might Happen Again*, Vol. II, The Navy and Defence (London: Heinemann, 1948), p. 15.
20. John Powell, *The Survival of the Fitter: Lives of Some African Engineers* (London: Intermediate Technology, 1995), p. 12.
21. 前引书, p.3.
22. 前引书, pp. 13-14.
23. 前引书。
24. Birgit Meyer and Jojada Verrups, 'Kwaku's Car. The Struggles and Stories of a Ghanaian Long-Distance Taxi Driver', in Daniel Miller (ed.), *Car Cultures* (Oxford: Berg Publishers, 2001), p. 171.
25. David A. Hounshell, 'Automation, Transfer Machinery, and Mass Production in the U.S. Automobile Industry in the Post-World War II Era', *Enterprise & Society 1* (March 2000), pp. 100-138. 'Planning and Executing "Automation" at the Ford Motor Company, 1945-1965: the Cleveland Engine Plant and its Consequences', in Haruhito Shiomi and Kauzuo Wada (eds.), *Fordism Transformed: the Development of Production Methods in the Automobile Industry* (Oxford: Oxford University Press, 1995), pp. 49-86.
26. E. J. Larkin and J. G. Larkin, *The Railway Workshops of Britain 1823-1986* (London: Macmillan 1988), p. 103.
27. 前引书, p. 107.

28. 前引书 , p. 110.
29. Ronald Miller and David Sawers, *The Technical Development of Modern Aviation* (London: Routledge and Kegan Paul, 1968), pp. 151, 209.
30. Ibid., p. 226.
31. Ibid., p. 207.
32. 燃料使用只降低了 20%，对于降低成本的贡献要小得多了。Ibid., p. 89.
33. Ibid., esp. pp. 86-9, 147, 150, 186, 197.
34. Nathan Rosenberg, 'Learning by Using', in Nathan Rosenberg, *Inside the black Box* (Cambridge: Cambridge University Press, 1982), pp. 120-40.
35. *Report of the Committee of Enquiry into the Aircraft industry*, Cmnd 2853 (London: HMSO, 1965), pp.8-9.
36. Lord Chatfield, *It Might Happen Again*, Vol. II, pp.17-18.
37. 前引书 , Vol. I (London: Heinemann, 1942), p. 233.
38. 前引书 , Vol. II pp. 30-31.
39. James Watson, 'On Mature Technology', Humanities Dissertation, Imperial College, London, May 2001.
40. http://www.fleetairarmarchive.net/. http://usuarios.lycos.es/christainlr/01d51a93a111e350c/01d51a93ef125ce07.html.
41. BBC online, 26 November 2004.
42. J. Watson, 'On Mature Technology'.
43. Brian Christley, ex-chief Concorde instructor, 8 January 2003, *The Guardian*.
44. Livio Dante Porta, 讣闻，*The Guardian*, 8 January 2003.
45. White, *Farewell to Model T*, p. 13.
46. '"Take a Little Trip with Me": Lowriding and the Poetics of Scale', in Alondra Nelson and Thuy Linh N. Tu (eds.), *Technicolor: Race, Technology, and Everyday Life* (New York and London: New York University Press, 2002), pp. 100-120.
47. Shigeru Ishikawa, 'Appropriate technologies: some aspects of Japanese experience', in Austin Robinson (ed.) ,*Appropriate Technologies of Third World Development* (London: Macmillan, 1979), pp. 101-103.
48. Yuzo Takahashi, 'A Network of Tinkerers: the advent of the radio and television receiver industry in Japan', *Technology and Culture*, Vol. 41 (2000), pp. 460-84.
49. 前引文。
50. Christopher Bayly and Tim Harper, *Forgotten Armies: The Fall of British Asia, 1941-1945* (London: Penguin, 2004), pp. 301-2.
51. Powell, *Survival of the Fitter*.
52. Valdeir Rejinaldo Vidrik, 'Invios caminhos: a CESP/Bauru e a inovação tecnológica nos anos 80 e 90', PhD thesis, University of São Paulo, 2003.
53. Lindqvist, 'Changes in the Technological Landscape', in Granstrand (ed.), *Economics of Technology*, p. 277.

第五章 国族

1. John Ardagh, *France*, third edition (Harmondsworth: Penguin, 1977), p. 82.
2. 阿根廷发明人协会（Asociación argentina de inventores）。http://puertobaires.com/aai/diadelinventor.asp.
3. Robert Wohl, 'Par la voie des airs: l'entrée de l'aviation dans le monde des lettres françaises, 1909–1939', *Le Mouvement Social*, No. 145 (1988), pp. 60–61.
4. Modris Eksteins, *Rites of Spring: The Great War and the Birth of the Modern Age* (London: Bantam, 1989), p. 427.
5. Sir Walter Raleigh, *The War in the Air*, Vol. 1 (Oxford: Oxford University Press, 1922), p. 111.
6. Kendall Bailes, 'Technology and Legitimacy: Society, Aviation and Stalinism in the 1930s', *Technology and Culture*, Vol. 17 (1976), pp. 55–81.
7. Alexander de Seversky, *Victory through Air Power* (New York: Hutchinson & Co., 1942), pp. 350, 352.
8. Eksteins, *Rites of Spring*, p. 359.
9. Valentine Cunningham, *British Writers of the Thirties* (Oxford: Oxford University Press, 1988), pp. 176–81.
10. 克里斯 · 弗里曼（Chris Freeman）大多数的著作都漏掉美国——因为他持一种李斯特式（Listian）国家科技经济观，认为近年的关键国家是德国以及日本这个东方的普鲁士。我要感谢西蒙 · 李（Simon Lee）向我指出弗里曼的李斯特主义。译者按：弗里德里希·李斯特（Friedrich List, 1789—1846），19 世纪的经济学者，批评自由贸易，强调国家在经济上的重要性，被视为国家创新体系的理论先驱。关于其简介可参见维基百科。
11. John A. Hall (ed.), *The State of the Nation: Ernest Gellner and the Theory of Nationalism* (Cambridge: Cambridge University Press, 1998).
12. Francisco Javier Ayala-Carcedo, 'Historia y presente de la ciencia y de la tecnología en España', 收录于 Francisco Javier Ayala-Carcedo (ed.), *Historia de la Tecnología en España*, Vol. II (Barcelona: Valatenea, 2001), pp. 729–52.
13. Ben Steil, David G. Victor and Richard R. Nelson (eds.), *Technological Innovation and economic performance*, a Council for Foreign Relations Book (Princeton: Princeton University Press, 2002).
14. Santiago López, 'Por el fracaso hacia el éxito: difusión tecnológica y competencia en España', 收录于 Emilio Muñoz et al. (eds.), *El espacio común de conocimiento en la Unión Europea: Un enfoque al problema desde España* (Madrid: Acadenua Europea de Ciencias y Artes, 2005), pp. 229–51. Academias Eropeas de las Ciencias, discussion document.
15. Charles Feinstein, 'Technical Progress and technology transfer in a centrally planned economy: the experience of the USSR, 1917–1987', 收录于 Charles Feinstein and Christopher Howe (eds.) *Chinese Technology Transfer in the 1990s: Current Experience, Historical Problems and International Perspectives* (Cheltenham: Edward Elgar, 1997), pp. 62–81.

16. A. C. Sutton, *Western Technology and Soviet Economic Development 1945 to 1965* (Stanford: Hoover Institution, 1973), Vol. 3, p. 371.
17. David A. Hounshell, 'Rethinking the History of "American Technology"', in Stephen Cutcliffe and Robert Post (eds.), *In Context: History and the History of Technology* (Bethlehem: Lehigh University Press, 1989), pp. 216–29.
18. Henry Ford, *My Philosophy of Industry* (London: Harrap, 1929), pp. 44–5.
19. 前引书, pp. 25-6.
20. Air Marshal William A. Bishop (RCAF), *Winged Peace* (New York: Macmillan, 1944), pp. 11, 175.
21. H. G. Wells, *The Shape of Things to Come* (London: Hutchinson, 1933; J. M. Dent/ Everyman edition, 1993). E. M. Earle, 'H. G. Wells, British patriot in search of a world state', 收录于 E. M. Earle (ed.) *Nations and Nationalism* (New York: Columbia University Press, 1950), pp. 79–121.
22. Wells, *The Shape of Things to Come*, p. 271.
23. 前引书, p. 279.
24. George Orwell, 'As I Please', *Tribune*, 12 May 1944, reprinted in *CEJL*, Vol. 3, p.173.
25. R. F. Pocock, *The Early British Radio Industry* (Manchester: Manchester University Press, 1988); Daniel Headrick, *The Invisible Weapon: Telecommunications and International Politics, 1851–1945* (New York: Oxford University Press, 1991).
26. 参见 *A History of Technology*, Vol. 7, *The Twentieth Century, c. 1900 – c. 1950*, Parts I and II (Oxford: Oxford University Press, 1978)，书中唯一明显和军事有关的是讨论原子弹那章。航空被放在交通科技，该章有讨论到航空的军事面。T. I. Williams 的浓缩版 *A Short History of Twentieth-Century Technology, c. 1900–1950* (Oxford: Oxford University Press, 1982) 有一章讨论枪炮、坦克等等，并未收录于原书讨论军事科技的那一章。Charles Gibbs-Smith, *The Aeroplane: an Historical Survey of its Origins and Development* (London: HMSO/Science Museum, 1960)，后来发展成下面这本书：*Aviation: an Historical Survey from its Origins to the End of World War II* (London: HMSO/Science Museum, 1970) 及其第二版 (London: HMSO/Science Museum, 1985)。Gibbs-Smith 不在科学博物馆工作，而是在维多利亚和阿尔伯特博物馆（Victoria and Albert）工作。R. Miller and David Sawers, *The Technical Development of Modern Aviation* (London: Routledge and Kegan Paul, 1968), pp. 58, 257. Peter King, *Knights of the Air* (London: Constable, 1989) and Keith Hayward, *The British Aircraft Industry* (Manchester: Manchester University Press, 1989). 很类似的状况也出现在对美国飞机工业的讨论，参见 Roger Bilstein, *Flight in America 1900–1983: from the Wrights to the Astronauts* (Baltimore: Johns Hopkins University Press, 1984).
27. Santiago López García and Luis Sanz Menéndez, 'Política tecnológica versus política científi ca durante el franquismo', *Quadernos d' Historia de l' Ingeniería*, Vol. II (1997), pp. 77–118.
28. Arnold Krammer, 'Fueling the Third Reich', *Technology and Culture*, Vol. 19 (1978), pp. 394–422; Anthony Stranges, 'From Birmingham to Billingham: high-pressure coal

hydrogenation in Great Britain', *Technology and Culture*, Vol. 26 (1985), pp. 726–57.

29. Anthony Stranges, 'Friedrich Bergius and the Rise of the German Synthetic Fuel Industry', *ISIS*, Vol. 75 (1984), pp. 643–67.
30. Rainer Karlsch, 'Capacity Losses, reconstruction and unfi nished modernisation: the chemical industry in the Soviet Zone of Occupation (SBZ)/GDR, 1945–1965', in J. E. Lesch (ed.), *The German Chemical Industry in the Twentieth Century* (Dordrecht: Kluwer Academic, 2000).
31. Elena San Román and Carles Sudrià, 'Synthetic Fuels in Spain, 1942–1966: the failure of Franco's Autarkic Dream', *Business History*, Vol. 45 (2003), pp. 73–88.
32. 西班牙先是在第二次世界大战期间试图引进纳粹科技（例如以下所讨论的从煤提炼油的例子）；战后则在西班牙产业与研究机构安插德国与意大利的科学家与工程师。在西班牙，由国家推动的 SEAT 汽车厂在 1950 年成立，但也有西雅特的参与，并且生产西雅特汽车，包括著名的西雅特 600。Manuel Lage Marco, 'La industria del automóvil' in Ayala-Carcedo (ed.), *Tecnología en España*, pp. 499–518.
33. http://www.fischertropsch.org/DOE/DOE_reports/13837_6/13837_6_toc.htm.
34. http://www.sasol.com/sasol 有关于这段历史的记录。
35. Carlo Levi, *Christ Stopped at Eboli* (London: Penguin Classics, edition 2000; first published in English 1947, in Italian 1944), pp.82, 96. 士绅不知道该怎么看待女性医师，农夫也有不少人去过美国（见该书第 89 页）。
36. 前引书 , pp. 128–9.
37. 前引书 , p. 160.
38. David Holloway, *Stalin and the Bomb: the Soviet Union and Atomic Energy, 1939–1956* (London: Yale University Press, 1994).
39. 这些技术转移的政治面在以下这篇文章有很好的探讨：Jeffrey A. Engel, '"We are not concerned who the buyer is": Engine Sales and Anglo-American Security at the Dawn of the Jet Age', *History and Technology*, Vol. 17 (2000), pp. 43–68.
40. Ignacio Klich, 'Introducción' to the CEANA fi nal report, http://www.ceana.org.ar/final/final.htm. "阿根廷纳粹活动清查委员会" (CEANA, Clarification of Nazis Activities in China) 是由阿根廷外交部长迪特拉（Guido di Tella）所成立，目的是要研究庇隆政府将纳粹成员引进阿根廷所扮演的角色；其报告列出前往阿根廷的 180 名战犯名单，包括许多法国人和比利时人。参见 Robert A. Potash y Celso Rodríguez, 'El empleo en el ejército argentino de nazis y otros técnicos extranjeros, 1943–1955'；法国的资料则含糊而难堪，参见 Raymond Danel, *Emile Dewoitine: créateur des usines de Toulouse de l' Aerospatiale* (Paris: Larivière, 1982).
41. Diana Quattrocchi-Woisson, 'Relaciones con la Argentina de funcionarios de Vichy y de colaboradores franceses y belgas, 1940–1960', CEANA final report, http://www.ceana.org.ar/final/final.htm.
42. G. A. Tokaev, *Comrade X* trans. Alec Brown (London: Harvill Press, 1956). 阅读这本书必须小心留意。
43. Hans Ebert, Johann Kaiser and Klaus Peters, *The History of German Aviation: Willy*

Messerschmidt – Pioneer of Aviation Design (Forlag: Schiffer Publishing Ltd, 1999).

44. Jose Antonio Martínez Cabeza, 'La ingeniería aeronáutica', in Ayala-Carcedo (ed.), *Tecnología en España*, pp. 519–35.

45. 其中一架在 20 世纪 80 年代赠送给史密森尼博物馆，此处资料来该博物馆。

46. 然而，该厂的生产力却要比福特在美国的工厂低 50% 左右。参见 John P. Hardt and George D. Holliday, 'Technology Transfer and Change in the Soviet Economic System', in Frederic J. Fleron, Jr, *Technology and Communist Culture: the Socio-cultural Impact of Technology under Socialism* (New York and London: Praeger, 1977), pp. 183–223.

47. Chunli Lee, 'Adoption of the Ford System and Evolution of the Production System in the Chinese Automobile Industry, 1953–1993', 收录于 Haruhito Shiomi and Kazuo Wada (eds.), *Fordism Transformed: the Development of Production Methods in the Automobile Industry* (Oxford: Oxford University Press, 1995), p. 302.

48. A. C. Sutton, *Western Technology and Soviet Economic Development 1930 to 1945* (Stanford: Hoover Institution, 1971), pp. 185–191.

49. 前引书, pp. 62–3, 74–7.

50. Raymond G. Stokes, *Constructing Socialism: Technology and Change in East Germany 1945–1990* (Baltimore: Johns Hopkins University Press, 2000).

51. Werner Abelhauser, 'Two kinds of Fordism: on the differing roles of industry in the development of the two German states', in Shiomi and Wada (eds.), *Fordism Transformed*, p. 290.

52. Thomas Schlich, 'Degrees of control: the spread of operative fracture treatment with metal implants: a comparative perspective on Switzerland, East Germany and the USA, 1950s–1960s', 收录于 Jennifer Stanton (ed.), *Innovation in Health and Medicine: Diffusion and Resistance in the Twentieth Century* (London: Routledge, 2002), pp. 106–25.

53. Brian Winston, *Media, Technology and Society* (London: Routledge, 1998), chapter 6.

54. Sutton, *Western Technology*, pp. 161–3; Alexander B. Magoun, 'Adding Sight to Sound in Stalin's Russia: RCA and the Transfer of Electronics Technology to the Soviet Union', 参见 http://www.davidsarnoff.org/index.htm.

55. 参见 Santiago López García, 'El Patronato "Juan de la Cierva" (1939–1960), part I', *Arbor*, No. 619 (1997), p. 207.

56. Michael Adas, *Machines as the Measure of Men: Science, Technology and Ideologies of Western Dominance* (Ithaca: Cornell University Press, 1989). 这本书后半部有许多关于西方缺乏自信的材料，尤其是在一战期间，但这些材料不完全是与非西方世界的对比有关。

57. S. C. Gilfi llan, 'Inventiveness by Nation: a note on statistical treatment', *The Geographical Review*, vol. 20 (1930) p. 301.

58. M. Jefferson, 'The Geographic Distribution of Inventiveness', *The Geographical Review*, 19 (1929): 649–64, p. 659.

59. Venus Green, 'Race and Technology: African-American women in the Bell System, 1945–

1980', *Technology and Culture*, Vol. 36 Supplement, pp. S101–S144.

60. Kathleen Franz, '"The Open Road": Automobility and racial uplift in the interwar years', 收录于 Bruce Sinclair (ed.), *Technology and the African-American Experience: Needs and Opportunities for Study* (Cambridge, MA: MIT Press, 2004), pp. 131–54.

61. Karen J. Hossfeld, '"Their logic against them": contradictions in race, sex and class in silicon valley', in Alondra Nelson and Thuy Linh N. Tu (eds.), *Technicolor: Race, Technology, and Everyday Life* (New York and London: New York University Press, 2002), pp. 34–63. The study reports data from the 1980s.

62. 出自法农的 *Cahiers d' un retour au pays natal*（部分内容首度出版于 1938 年），引自 David Macey, *Frantz Fanon: a Life* (London: Granta, 2000), p. 183.

63. Eduardo Galeano, *Las Venas abiertas de América Latina* (Mexico: Siglo XXI, 1978, first published 1971), p. 381.

64. G. A. Tokaty, 'Soviet Rocket Technology', republished in *Technology and Culture*, Vol. 4 (1963), p. 525.

65. 这是我从诺贝尔博物馆（Nobel Museum）网站列出名单所作之不全然可靠的估计。诺贝尔奖基金会没有提供得主族群背景的资料。

66. Rudolf Mrázek, *Engineers of Happy Land: Technology and Nationalism in a Colony* (Princeton: Princeton University Press, 2002), p. 10.

67. 前引书, p. 17.

68. 前引书, p. 239, n. 94.

69. J. P. Jones, 'Lascars in the Port of London', *Port of London Authority Monthly*, February 1931. 抄录于 http://www.lascars.co.uk/plafeb1931.html (20 April 2004).

70. 'A Pattern of Loyalty' by "Lighterman" (first published December 1957). 这篇文章译自 P.L.A. Monthly, December 1957. http:// www.lascars.co.uk/pladec1957.html, 20 April 2004.

71. David Omissi, *The Sepoy and the Raj: Politics of the Indian Army, 1860–1940* (London: Macmillan, 1994).

72. 参见 Daniel R. Headrick, *The Tentacles of Progress: Technology Transfer in the Age of Imperialism, 1850–1940* (New York: Oxford University Press, 1988)，特别是第三章与第九章。

73. Christopher Bayly and Tim Harper, *Forgotten Armies: the Fall of British Asia, 1941–1945* (London: Penguin, 2004), pp. 228–9.

第六章　战争

1. 对这类文献的学院版与非学院版的完整综览，参见 Barton C. Hacker, 'Military institutions, Weapons, and Social Change: Toward a New History of Military Technology', *Technology and Culture*, Vol. 35 (1994), pp. 768–834.

2. J. F. C. Fuller, *Armament and History* (New York: Scribners, 1945).

3. 例如凡·克瑞福德（Van Creveld）就清楚认为两者有所差别，“因为科技和战争运作的逻辑不只不同，其实还彼此对立，处理其中一者的概念架构，绝不能干扰另一者”。Martin Van Creveld, *Technology and War: from 2000 BC to the Present* (London: Brassey's, 1991), p. 320.
4. Bernard Davy, *Air Power and Civilisation* (London: Allen & Unwin, 1941), p. 116.
5. Ibid., p. 148.
6. H. G. Wells, *A Short History of the World* (Harmondsworth: Penguin, 1946), p. 308.
7. Ernest Gellner, *Conditions of Liberty: Civil Society and its Rivals* (London: Penguin, 1996; orig. 1994), p. 200. 特别参见三十三与一七九页。感谢 Brendan O' Leary 的指出。
8. Orwell, 'Wells, Hitler and the World State', *The Collected Essays, Journalism and Letters of George Orwell* (edited by Sonia Orwell and Ian Angus) (Harmondsworth: Penguin, 1970), Vol. II, *My Country Right or Left*, 1940–1943, p. 169.
9. 引用于 V. Berghahn, *Militarism: the History of an International Debate* (Leamington Spa: Berg, 1981), p. 42.
10. Liddell Hart, 'War and Peace', *English Review*, 54 (April 1932), p. 408. John J. Mearsheimer, *Liddell Hart and the Weight of History* (Ithaca: Cornell University Press, 1988), p. 103
11. Fuller, *Armament and History*, p. 20. 他再度认为两次世界大战之间的关键技术发展是环绕着内燃机以及无线电，但“军人隔绝于民间的进步，无法看到这点”。参见 Brian Holden-Reid, *J. F. C. Fuller: Military Thinker* (Basingstoke: Macmillan, 1987) 以及 Patrick Wright, *Tank: the Progress of a Monstrous War Machine* (London: Faber, 2000).
12. Lewis Mumford, *Technics and Civilisation* (London: Routledge and Kegan Paul, 1955), p. 95 (first published 1934).
13. Mary Kaldor, *The Baroque Arsenal* (London: Deutsch, 1982). 关于国家兵工厂是否只关心生产效率但是在产品研发上很保守，依照 Kaldor 的建议所做的研究可参见 Colin Duff, 'British armoury practice: technical change and small arms manufacture, 1850–1939', MSc thesis, University of Manchester 1990.
14. Jonathan Bailey, *The First World War and the Birth of the Modern Style of Warfare* (Camberley: Strategic and Combat Studies Institute, Occasional Paper No. 22, 1996).
15. Gil Elliot, *Twentieth Century Book of the Dead* (London: Allen Lane, 1972), p. 133.
16. '*My Gun Was as Tall as Me*': *Child Soldiers in Burma* (Human Rights Watch, 2002).
17. Elliot, *Book of the Dead*, p. 135.
18. Olivier Razac, *Barbed Wire: a Political History* (London: Profile, 2002).
19. T. N. Dupuy, *The Evolution of Weapons and Warfare* (New York: Da Capo, 1990), pp. 307–20 (first published 1984).
20. John Campbell, *Naval Weapons of World War Two* (Greenwich: Conway Maritime Press, 1985).
21. Thomas Stock and Karlheinz Lohs (eds.), *The Challenge of Old Chemical Munitions and Toxic Armament Wastes*, SIPRI Chemical and Biological Warfare Studies, No. 16

(Stockholm: SIPRI/Oxford University Press, 1997).

22. Richard Overy, *Why the Allies Won* (London: Cape, 1995).

23. G. A. Tokaev, *Comrade X trans. Alec Brown* (London: Harvill Press, 1956), p. 287.

24. Jim Fitzpatrick, *The Bicycle in Wartime: an Illustrated History* (London: Brassey' s, 1998), chapter 6.

25. 关于美国请特别参考 Michael Sherry, *In the Shadow of War: the United States since 1930* (New Haven: Yale University Press, 1995).

26. Gabriel Kolko, *Vietnam: Anatomy of War 1940–1975* (London: Pantheon, 1986), p. 189. 也请参阅 Neil Sheehan, *The Bright Shining Lie: John Paul Vann and America in Vietnam* (London: Cape, 1989)，这本书是交战中的一位自由派科技官僚的精彩研究。

27. Gabriel Kolko, *Century of War: Politics, Conflict and Society since 1914* (New York: New Press, 1994), p. 404.

28. Ibid., p. 432.

29. Sheehan, *Shining Lie.*

30. David Loyn, 'The jungle training ground of an army the world forgot', *Independent*, 10 March 2004.

31. Daryl G. Press, 'The myth of air power in the Persian Gulf war and the future of air power', *International Security*, Vol. 26 (2001), pp. 5–44.

32. George N. Lewis, 'How the US Army assessed as successful a missile defense system that failed completely', *Breakthroughs*, Spring 2003, pp. 9–15.

33. George Riley Scott, *A History of Torture* (London: T. Werner Laurie, 1940, republished 1994).

34. Ricardo Rodríguez Molas, *Historia de la Tortura y el orden represivo en la Argentina* (Buenos Aires: Editorial Universitaria de Buenos Aires, 1984), 在线版的网址 http://www.elortiba.org/tortura.html.

35. 参见纪录片 Marie-Monique Robin, *Escadrons de la mort, l' école française*, 2003 年首度在法国播映。

36. Carlos Martínez Moreno, *El Infierno*, trans. Ann Wright, (London: Readers International, 1988; first published in Mexico, 1981, as *El color que el infierno me escondiera*), p. 8.A. J. Langguth, *Hidden Terrors* (New York: Pantheon Books, 1978) 也处理到米特廖内。

37. 对使用电击棒的逼供中心的杰出研究，参见 Andrés Di Tella, 'La vida privada en los campos de concentración', in Fernando Devoto and Marta Madero (eds.), *Historia de la vida privada en la Argentina*, Vol. III (Buenos Aires: Taurus, 1999), pp. 79–105.

38. A. Rose, 'Radar and air defence in the 1930s', *Twentieth Century British History*, vol. 9 (1998), pp. 219–45.

39. Thomas Parke Hughes, *American Genesis: A Century of Invention and Technological Enthusiasm* (New York: Viking, 1989), chapter 8.

40. David A. Mindell, *Between Human and Machine: Feedback, Control and Computing before Cybernetics* (Baltimore: Johns Hopkins University Press, 2002). John Brooks, 'Fire

control for British Dreadnoughts: Choices in technology and supply', PhD, University of London, 2001. Sébastien Soubiran, 'De l'utilisation contingente des scientifi ques dans les systèmes d'innovations des Marines française et britannique entre les deux guerres mondiales. Deux exemples: la conduite du tir des navires et la télémécanique' (Université de Paris VII : Denis Diderot, 2002), 3 vols.

41. Paul Edwards, *The Closed World: Computers and the Politics of Discourse in Cold War America* (Cambridge, MA: MIT Press, 1996); Janet Abbate, *Inventing the Internet* (Cambridge, MA: MIT Press, 1999).

42. Merrit Roe Smith (ed.), *Military Enterprise and Technological Change: Perspectives on the American Experience* (Cambridge, MA: MIT Press, 1985)，以及 David Noble, *Forces of Production: a Social History of Automation* (New York: Oxford University Press, 1985).

第七章 杀戮

1. James R. Troyer, 'In the beginning: the multiple discovery of the first hormone herbicides', *Weed Science*, Vol. 49 (2001), pp. 290–97.

2. William A. Buckingham Jr, *Operation Ranch Hand: the Air Force and Herbicides in South East Asia 1961–1971* (Washington: Office of Air Force History, 1982), http://www.airforcehistory.hq.af.mil/Publications/fulltext/operation_ranch_hand.pdf.

3. William Boyd, 'Making Meat: Science, Technology, and American Poultry Production', *Technology and Culture*, Vol. 42 (2001), p. 648.

4. Edmund Russell, *War and Nature: Fighting Humans and Insects with Chemicals from World War I to Silent Spring* (Cambridge: Cambridge University Press, 2001), p. 199.

5. Edward D. Mitchell, Randall R. Reeves and Anne Evely, *Bibliography of Whale Killing Techniques, Reports of the International Whaling Commission*, Special Issue 7 (Cambridge: International Whaling Commission, 1986).

6. J. N. Tønnessen and A. O. Johnsen, *The History of Modern Whaling*, trans. R. I. Christophersen (London: Hurst, 1982), pp. 368–429.

7. 前引书 , p. 429.

8. http://www.wdcs.org/dan/publishing.nsf/allweb/69E0659244AE593C80256A5E0043C5C6

9. Tønnessen and Johnsen, *Modern Whaling.*

10. J. J. Waterman, *Freezing Fish at Sea: a History* (Edinburgh: HMSO, 1987).

11. A. C. Sutton, *Western Technology and Soviet Economic Development*, Vol. III, *1945 to 1965* (Stanford: Hoover Institution, 1973), pp. 287–8.

12. 奇怪的是英国并没有发展大型的海上加工渔船船队，大多数新的拖网渔船在海上将整条鱼冷冻，等上陆后再加工；这种渔船数量的高峰是 1974 年的 75 艘，次年造了最后一艘这种渔船。Waterman, *Freezing Fish.*

13. 相关信息请参阅 Paul R. Josephson, *Industrialized Nature: Brute Force Technology and*

the Transformation of the Natural World (New York: Shearwater, 2002).

14．George Gissing, *By the Ionian Sea* (London: Century Hutchinson, 1986), pp. 153–4 (first published 1901).

15．Upton Sinclair, *The Jungle* (Harmondsworth: Penguin Classics Edition, 1974), pp. 328–9 (first published New York, 1906).

16．前引书 , pp. 44, 45.

17．前引书 , pp. 376–7.

18． 参 见 Hans-Liudger Dienel, *Linde: History of a Technology Corporation, 1879–2004* (London: Palgrave, 2004).

19．装在大卡车上的冷冻设备是非裔美国人发明家佛瑞德 · 琼斯开发出来的，这促成了冷王这家庞大公司的创立。

20.J. B. Critchell and J. Raymond, *A History of the Frozen Meat Trade*, second edition (London: Constable, 1912), Appendix VII.

21．M. H. J. Finch, *A Political Economy of Uruguay since 1870* (London: Macmillan, 1981), chapter 5. Hank Wangford, *Lost Cowboys* (London: Gollancz, 1995)，有一章讨论弗赖本托斯。

22．Hal Williams, *Mechanical Refrigeration: a Practical Introduction to the Study of Cold Storage, Ice-making and Other Purposes to which Refrigeration is Being Applied*, fifth edition (London: Pitman, 1941), pp. 519–24.

23．http://www.cep.edu.uy/RedDeEnlace/Uruguayni/Anglo/marcoanglo.htm for oral testimony.

24．Sinclair, *The Jungle*, p. 48.

25．Siegfried Giedion, *Mechanization Takes Command: a Contribution to Anonymous History* (New York: Oxford University Press, 1948; W. W. Norton edition, 1969), p. 512. 关于德国与美国的对比，参见 Dienel, *Linde*。

26．Williams, pp. 487–515.

27．前引书 , p. 504.

28．Sinclair, *The Jungle*, p. 46.

29．Henry Ford, *My Life and Work* (online Project Gutenberg version).

30．Lindy Biggs, *The Rational Factory: Architecture, Technology and Work in America's Age of Mass Production* (Baltimore: Johns Hopkins University Press, 1996), chapter one.

31．参见 *Observer Food Monthly* (March 2002).

32.英国的人道屠宰协会（the Humane Slaughter Association）在20世纪20年代推广击昏枪，1933 年规定牛屠宰强制使用。

33．Eric Schlosser, *Fast Food Nation* (London: Penguin, 2002), pp. 137–8.

34．前引书第七章与第八章，也参见 Gail A. Eisnitz, *Slaughterhouse: the Shocking Story of Greed, Neglect and Inhumane Treatment Inside the US Meat Industry* (New York: Prometheus Books, 1997).

35．Rick Halpern, *Down on the Killing Floor: Black and White Workers in Chicago's*

Packinghouses, 1904–1954 (Chicago: University of Illinois Press, 1997).

36. T. S. Reynolds and T. Bernstein, 'Edison and "the chair"', *IEEE Technology and Society*, 8 (March 1989).

37. http://www.geocities.com/trctl11/gascham.html.

38. 世界各地的被殖民地，其死刑方式都追随殖民国：英国的殖民地将人吊死；西班牙在殖民地菲律宾使用绞刑椅，美国人则带来电椅。

39. 谋杀白人仍比谋杀黑人更容易被判死刑。

40. 参见 Peter Linebaugh, 'Gruesome Gertie at the Buckle of the Bible Belt', *New Left Review*, No. 209 (1995), pp 15–33 and Walter Laqueur, 'Festival of Punishment', *London Review of Books*, 5 October 2000, pp. 17–24. http://www.deathpenaltyinfo.org. 该中心数据库提供美国可溯到1608年的死刑信息。

41. 1941年至1942年，在波兰和苏联的大多数犹太人被迫迁入犹太人区（ghetto）；这本身就是种用饥荒与疾病来进行杀戮的方法，约有80万人因此死亡。

42. 耐人寻味的是，苏联内务人民委员部（NKVD，译者按：斯大林的特务机构）在肃清的高潮时引进了杀人机器，因为刽子手开始怀疑他们在做的事情，原因包括遭处死者在死前会说出真话。有人说布哈林（Buhkarin）就是遭到这种机器杀害。参见 Tokaev, *Comrade X*.

43. Jean-Claude Pressac and Jan van der Pelt, 'The Machinery of Mass Murder at Auschwitz', in Yisrael Gutman and Michael Berenbaum (ed.), *Anatomy of the Auschwitz Death Camp* (Bloomington: Indiana University Press, 1994), pp. 93–156.

44. 埃罗尔·莫里斯（Errol Morris 制作与导演),《死亡先生》(*Mr Death: the Rise and Fall of Fred A. Leuchter Jr*, 1999). 感谢 Andrés Di Tella 提供这条信息。

45. http://www.angelfi re.com/fl3/starke/hmm.html – for Leuchter on execution techniques.

46. 对路特论点的驳斥，参见 Robert Jan van Pelt Report. http://www.Holocaustdenialontrial.org/nsindex.html is the website with the judgement, transcript etc. 也可参见 Pressac and van Pelt, 'The Machinery of Mass Murder at Auschwitz', in Gutman and Berenbaum (eds.), *Auschwitz Death Camp*, pp. 93–156 and *www.nizkor.org*.

47. 受害最严重的是都市与乡下的少数族群人口，包括华裔、越南裔以及泰裔，参见 Ben Kiernan, *The Pol Pot Regime: Race,Power and Genocide in Cambodia under the Khmer Rouge, 1975–1979*, second edition (New Haven: Yale University Press, 2002), Table 4, p. 458. 大约同一时期，在东帝汶相同比例的人口（大略20%）遭到印度尼西亚政府杀害。Ben Kiernan, 'The Demography of Genocide in Southeast Asia: the Death Tolls in Cambodia, 1975–79, and East Timor, 1975–80', *Critical Asian Studies*, Vol. 35:4 (2003), pp.585–97.

48. David Chandler, 'Killing Fields' in http://www.cybercambodia.com/dachs/killings/killing.html.

49. Human Rights Watch, *Leave None to Tell the Story: Genocide in Rwanda*, March 1999. http://www.hrw.org/reports/1999/rwanda/.

50. Report of the Rwanda Ministry of Local Government, 2001; 引用于 Linda Melvern, *Conspiracy to Murder: the Rwandan Genocide* (London: Verso, 2004), p. 251。

51．我对 Melvern, *Conspiracy to Murder*, p. 56 的解读。

第八章 发明

1．Hyman Levy, *Modern Science* (London: Hamish Hamilton, 1939), p. 710.

2．关于这点的重要性，参见我对 Vannevar Bush 的 *Science,the Endless Frontier* 一书的分 析。David Edgerton, ' "The linear model" did not exist: Reflections on the history and historiography of science and research in industry in the twentieth century', in Karl Grandin and Nina Wormbs (eds.), *The Science–Industry Nexus: History, Policy, Implications* (New York: Watson, 2004), and Sven Widalm, 'The Svedberg and the Boundary between science and industry: laboratory practice, policy and media images', *History and Technology*, Vol. 20 (2004), pp. 1–27.

3．Edgerton, ' "The linear model" ' .

4．From Alec Nove, *The Economics of Feasible Socialism* (London: Allen & Unwin, 1983).

5．请参见以下这篇很棒的论文，John Howells, 'The response of Old Technology Incumbents to Technological Competition – Does the sailing ship effect exist?' , *Journal of Management Studies*, Vol. 39 (2002), pp. 887–906.

6．Leslie Hannah, 'The Whig Fable of American Tobacco, 1895–1913' , *Journal of Economic History* (forthcoming, 2006).

7．Ulrich Marsh, 'Strategies for Success: research organisation in the German chemical companies until 1936' , *History and Technology*, Vol. 12 (1994), pp. 23–77, 同样须注意的是关于此话题的标准阐释，例如 Leonard S. Reich, *The Making of American Industrial Research: Science and Business at GE and Bell, 1876–1926*(Cambridge: Cambridge University Press, 1985) and D. A. Hounshell and J. K.Smith, *Science and Corporate Strategy: DuPont R&D* (Cambridge: Cambridge University Press, 1988)〔注意在这些书中"科学"（science）是如何被等同于研究与研发的〕.

8．Michael Dennis, 'Accounting for Research: new histories of corporate laboratories and the social history of American science' , *Social Studies of Science*, Vol. 17 (1987), pp. 479–518; W. Koenig, 'Science-based industry or industry-based science? Electrical engineering in Germany before World War I' , *Technology and Culture*, 37 (1996), 70–101.

9．Lindy Biggs, *The Rational Factory: Architecture, Technology and Work in America' s Age of Mass Production* (Baltimore: Johns Hopkins University Press, 1996), pp. 106, 110–11.

10．Ronald Miller and David Sawers, *The Technical Development of Modern Aviation* (London: Routledge and Kegan Paul, 1968), p. 266.

11．这些数字来自布鲁金斯学会的出色研究，参见 Stephen I. Schwartz, *Atomic Audit: the Costs and Consequences of U.S. Nuclear Weapons since 1940* (Washington: Brookings Institution Press, 1998).

12．我受益于 John Howells 的论文草稿。

13．S. Griliches and L. Owens, 'Patents, the "frontiers" of American invention, and the Monopoly Committee of 1939: anatomy of a discourse' , *Technology and Culture*, Vol. 32 (1991), pp. 1076–93.

14．Ernest Braun, *Futile Progress: Technology' s Empty Promise* (London: Earthscan, 1995), pp. 68-9.

15. Joseph A. DiMasi, Ronald W. Hansen and Henry G. Grabowski, 'The price of innovation: new estimates of drug development costs', *Journal of Health Economics*, Vol. 22 (2003), p. 154.

16. 前引文 , pp.151-185.

17. Antony Arundel and Barbara Mintzes, 'The Benefits of Biopharmaceuticals', *Innogen Working Paper*, No. 14, Version 2.0 (University of Edinburgh, August 2004); Paul Nightingale and Paul Martin, 'The Myth of the Biotech Revolution', *Trend in Biotechnology*, Vol.22, No. 11, November 2004, pp. 564-8.

结论

1. John B. Harms and Tim Knapp, 'The New Economy: what's new, what's not', *Review of Radical Political Economics*, Vol. 35 (2003), pp. 413-36.

2. P. A. David, 'Computer and Dynamo: the Modern Productivity Paradox in a not-too-distant mirror', in OECD, *Technology and productivity: the Challenge for Economic Policy* (Paris: OECD, 1991).

3. *Economist*, 17 January 2004.

4. *Observer*, 8 April 2001.

5. Martin Stopford, *Maritime Economics*, second edition (London: Routledge, 1997),pp.485-6.

参考文献

Books and articles

Janet Abbate, *Inventing the Internet* (Cambridge, MA: MIT Press, 1999)

Itty Abraham, *The Making of the Indian Atomic Bomb: science, secrecy and the postcolonial state* (London: Zed Books, 1998)

Michael Adas, *Machines as the Measure of Men: Science, Technology and Ideologies of Western Dominance* (Ithaca: Cornell University Press, 1989)

Michael Thad Allen, *The Business of Genocide: The SS, Slave Labor and the Concentration Camps* (Chapel Hill: University of North Carolina Press, 2002)

David Arnold, 'Europe, Technology and Colonialism in the 20th Century', *History and Technology*, vol. 21 (2005)

Jonathan Bailey, *The First World War and the Birth of the Modern Style of Warfare* (Camberley: Strategic and Combat Studies Institute, Occasional Paper No. 22, 1996)

— *Field Artillery and Firepower* (Annapolis: Naval Institute Press, 2004)

George Basalla, *The Evolution of Technology* (Cambridge: Cambridge University Press, 1988)

Arnold Bauer, *Goods, Power, History: Latin America's Material Culture* (Cambridge: Cambridge University Press, 2001)

Z. Bauman, *Modernity and the Holocaust* (Cambridge: Polity, 1989)

Tami Davis Biddle, *Rhetoric and Reality in Air Warfare: the Evolution of British and American Ideas about Strategic Bombing, 1914–1945* (Princeton: Princeton University Press, 2002)

Lindy Biggs, *The Rational Factory: Architecture, Technology and Work in America's Age of Mass Production* (Baltimore: Johns Hopkins University Press, 1996)

Sue Bowden and Avner Offer, 'Household appliances and the use of time: the United States and Britain since the 1920s', *Economic History Review*, Vol. 67 (1994)

William Boyd, 'Making Meat: Science, Technology, and American Poultry Production', *Technology and Culture*, Vol. 42 (2001)

S. Brand, *How Buildings Learn: What Happens after They're Built* (London: Penguin, 1994)

Ernest Braun, *Futile Progress: Technology's Empty Promise* (London: Earthscan, 1995)

Michael Burawoy, *The Politics of Production* (London: Verso, 1985)

Cynthia Cockburn and Susan Ormrod, *Gender and Technology in the Making* (London: Sage, 1993)

Hera Cook, *The Long Sexual Revolution: English Women, Sex, and Contraception, 1800–1975* (Oxford: Oxford University Press, 2004)

Caroline Cooper, *Air-conditioning America: Engineers and the Contolled Environment, 1900–1960* (Baltimore: Johns Hopkins University Press, 1998)

P. A. David, 'Computer and Dynamo: the Modern Productivity Paradox in a not-too-distant mirror', in OECD, *Technology and Productivity: the Challenge for Economic Policy* (Paris: OECD, 1991)

— 'Heroes, Herds and Hysteresis in Technological History: Thomas Edison and "The Battle of the Systems" Reconsidered', *Industrial and Corporate Change*, Vol. 1, No. 1 (1992)

Michael Dennis, 'Accounting for Research: new histories of corporate laboratories and the social history of American science', *Social Studies of Science*, Vol. 17 (1987)

Development and Planning Unit, *Understanding Slums: Case Studies for the Global Report on Human Settlements*, Development and Planning Unit, UCL. See *http://www.ucl.ac.uk/dpu-projects/Global_Report/*

R. L. DiNardo and A. Bay, 'Horse-Drawn Transport in the German Army', *Journal of Contemporary History*, Vol. 23 (1988)

T. N. Dupuy, *The Evolution of Weapons and Warfare* (New York: Da Capo, 1990; first published 1984)

David Edgerton, 'Tilting at Paper Tigers', *British Journal for the History of Science*, Vol. 26 (1993)

— 'De l'innovation aux usages. Dix thèses éclectiques sur l'histoire des techniques', *Annales HSS*, July–October 1998, Nos. 4–5. English version: 'From Innovation to Use: ten (eclectic) theses on the history of technology', *History and Technology*, Vol. 16 (1999)

— ' "The linear model" did not exist: reflections on the history and historiography of science and research in industry in the twentieth century', in Karl Grandin and Nina Wormbs (eds.), *The Science–Industry Nexus: History, Policy, Implications* (New York: Watson, 2004)

— *Warfare State: Britain, 1920–1970* (Cambridge: Cambridge University Press, 2005)

Gail A. Eisnitz, *Slaughterhouse: the Shocking Story of Greed, Neglect and Inhumane Treatment inside the US Meat Industry* (New York: Prometheus Books, 1997)
Gil Elliot, *Twentieth Century Book of the Dead* (London: Allen Lane, 1972)
Jon Elster, *Explaining Technical Change* (Cambridge: Cambridge University Press, 1983)
R. J. Evans, *Rituals of Retribution: Capital Punishment in Germany 1600–1987* (Oxford: Oxford University Press, 1996)
Claude S. Fischer, *America Calling: a Social History of the Telephone to 1940* (Berkeley: University of California Press, 1992)
Jim Fitzpatrick, *The Bicycle in Wartime: an Illustrated History* (London: Brassey's, 1998)
Sheila Fitzpatrick, *Stalin's Peasants: Resistance and Survival in the Russian Village after Collectivisation* (New York: Oxford University Press, 1994)
R. W. Fogel, 'The new economic history: its findings and methods', *Economic History Review*, Vol. 19 (1966)
Robert Friedel, *Zipper: an Exploration in Novelty* (New York: Norton 1994)
Rob Gallagher, *The Rickshaws of Bangladesh* (Dhaka: The University Press, 1992)
Siegfried Giedion, *Mechanization Takes Command: a contribution to Anonymous History* (New York: Oxford University Press, 1948; W. W. Norton edition, 1969)
Kees Gispen, *Poems in Steel: National Socialism and the Politics of Inventing from Weimar to Bonn* (New York: Berghahn Books, 2002)
Arnulf Gruebler, *Technology and Global Change* (Cambridge: Cambridge University Press, 1998)
John A. Hall (ed.), *The State of the Nation: Ernest Gellner and the Theory of Nationalism* (Cambridge: Cambridge University Press, 1998)
Daniel R. Headrick, *The Tentacles of Progress: Technology Transfer in the Age of Imperialism, 1850–1940* (New York: Oxford University Press, 1988)
— *The Invisible Weapon: Telecommunications and International Politics, 1851–1945* (New York: Oxford University Press, 1991).
C. Hitch and R. McKean, *The Economics of Defence in the Nuclear Age* (Cambridge, MA: Harvard University Press, 1960)
David A. Hounshell, *From the American System to Mass Production, 1800–1932: The Development of Manufacturing Technology in the United States* (Baltimore: Johns Hopkins University Press, 1984)
David A. Hounshell and J. K. Smith, *Science and Corporate Strategy: Du Pont R&D* (Cambridge: Cambridge University Press, 1988)
John Howells, 'The response of Old Technology Incumbents to Technological Competition – Does the sailing ship effect exist?', *Journal of Management Studies*, Vol. 39 (2002)

— *The Management of Innovation and Technology* (London: Sage, 2005)
Thomas Hughes, *American Genesis: a Century of Invention and Technological Enthusiasm* (New York: Viking, 1989)
John Kurt Jacobsen, *Technical Fouls: Democratic Dilemmas and Technological Change* (Boulder: Westview Press, 2000)
Erik E. Jansen, et al., *The Country Boats of Bangladesh: Social and Economic Development and Decision-making in Inland Water Transport* (Dhaka: The University Press, 1989)
Katherine Jellison, *Entitled to Power: Farm Women and Technology 1913–1963* (Chapel Hill: University of North Carolina Press, 1993)
J. Jewkes, et al., *The Sources of Invention* (London: Macmillan, 1958, 1969)
Paul R. Josephson. *Industrialized Nature: Brute Force Technology and the Transformation of the Natural World* (New York: Shearwater, 2002)
Mary Kaldor, *The Baroque Arsenal* (London: Deutsch, 1982)
Terence Kealey, *The Economic Laws of Scientific Research* (London: Macmillan, 1996)
V. G. Kiernan, *European Empires from Conquest to Collapse, 1815–1960* (London: Fontana, 1982)
Ronald R. Kline, *Consumers in the Country: Technology and Social Change in Rural America* (Baltimore: Johns Hopkins University Press, 2000)
Arnold Krammer, 'Fueling the Third Reich', *Technology and Culture*, Vol. 19 (1978)
George Kubler, *The Shape of Time: Remarks on the History of Things* (New Haven: Yale University Press, 1962)
Bruno Latour, *We Have Never Been Modern* (New York: Harvester Wheatsheaf, 1993)
— *Aramis, or the Love of Technology*, trans. by Catherine Porter (Cambridge, MA: Harvard University Press, 1996)
Nina Lerman, Ruth Oldenzeil and Arwen Mohun (eds.), *Gender and Technology: a Reader* (Baltimore: Johns Hopkins University Press, 2003)
J. E. Lesch (ed.), *The German Chemical Industry in the Twentieth Century* (Dordrecht: Kluwer Academic, 2000)
Samuel Lilley, *Men, Machines and History* (second edition) (London: Lawrence & Wishart, 1965)
Svante Lindqvist, 'Changes in the Technological Landscape: the temporal dimension in the growth and decline of large technological systems', in Ove Granstrand (ed.), *Economics of Technology* (Amsterdam: North Holland, 1994)
Erik Lund, 'The Industrial History of Strategy: re-evaluating the wartime record of the British aviation industry in comparative perspective, 1919–1945', *Journal of Military History*, Vol. 62 (1998)

Walter A. McDougall, *The Heavens and the Earth: A Political History of the Space Age* (New York: Basic Books, 1985)
D. MacKenzie and J. Wajcman (eds.), *The Social Shaping of Technology* (Milton Keynes: Open University Press, 1985)
D. MacKenzie, *Knowing Machines: Essays on Technical Change* (Cambridge, MA: MIT Press, 1996)
John McNeill, *Something New under the Sun: an Environmental History of the Twentieth Century* (London: Penguin, 2000)
T. Metzger, *Blood and Volts: Edison, Tesla and the Electric Chair* (New York: Autonomedia, 1996)
Birgit Meyer and Jojada Verrips, 'Kwaku's Car. The Struggles and Stories of a Ghanaian Long-distance Taxi Driver' in Daniel Miller (ed.), *Car Cultures* (Oxford: Berg Publishers, 2001)
Ronald Miller and David Sawers, *The Technical Development of Modern Aviation* (London: RKP, 1968)
David A. Mindell, *Between Human and Machine: Feedback, Control and Computing before Cybernetics* (Baltimore: Johns Hopkins University Press, 2002)
Arwen P. Mohun, *Steam Laundries: Gender, Technology and Work in the United States and Great Britain, 1880–1940* (Baltimore: Johns Hopkins University Press, 1999)
Ricardo Rodríguez Molas, *Historia de la Tortura y el Orden Represivo en la Argentina* (Buenos Aires: Editorial Universitaria de Buenos Aires, 1984), online version at *http://www.elortiba.org/tortura.html*
Gijs Mom, *The Electric Vehicle: Technology and Expectations in the Automobile Age* (Baltimore: Johns Hopkins University Press, 2004)
Lewis Mumford, *Technics and Civilisation* (London: Routledge and Kegan Paul, 1955; first published 1934)
— 'Authoritarian and Democratic Technics', *Technology and Culture*, Vol. 5 (1964)
— *The Pentagon of Power* (New York: Harcourt, Brace, Jovanovich, 1970)
Alondra Nelson and Thuy Linh N. Tu (eds.) *Technicolor: Race, Technology, and Everyday Life* (New York and London: New York University Press, 2002)
Michael J. Neufeld, *The Rocket and the Reich: Peenemunde and the Coming of the Ballistic Missile Era* (New York: Free Press, 1995)
David Noble, *America by Design: Science, Technology and the Rise of Corporate Capitalism* (New York: Oxford University Press, 1977)
— *Forces of Production: a Social History of Automation* (New York: Oxford University Press, 1985)
Robert S. Norris, *Racing for the Bomb: General Leslie R. Groves, the Manhattan Project's Indispensable Man* (Hannover, NH: Steerforth, 2002)

David Omissi, *The Sepoy and the Raj: Politics of the Indian Army, 1860–1940* (London: Macmillan, 1994)

Arnold Pacey, *The Culture of Technology* (Oxford: Blackwell, 1983)

—*Technology in World Civilisation: a Thousand Year History* (Oxford: Blackwell, 1990)

John V. Pickstone, *Ways of Knowing: a new history of science, technology and medicine* (Manchester: Manchester University Press, 2000)

John Powell, *The Survival of the Fitter: Lives of Some African Engineers* (London: Intermediate Technology, 1995)

Daryl G. Press, 'The myth of air power in the Persian Gulf war and the future of air power', *International Security* Vol. 26 (2001)

Jean-Claude Pressac and Jan van der Pelt, 'The Machinery of Mass Murder at Auschwitz', in Yisrael Gutman and Michael Berenbaum (eds.), *Anatomy of the Auschwitz Death Camp* (Bloomington: Indiana University Press, 1994)

E. Prokosch, *The Technology of Killing: a Military and Political History of Anti-personnel Weapons* (London: Zed Books, 1995)

Carroll Pursell, 'Seeing the invisible: new perceptions in the history of technology', in *ICON*, Vol. 1 (1995)

— *The Machine in America: a Social History of Technology* (Baltimore: Johns Hopkins University Press, 1995)

Olivier Razac, *Barbed Wire: a Political History* (London: Profile, 2002)

Leonard S. Reich, *The Making of American Industrial Research: Science and Business at GE and Bell, 1876–1926* (Cambridge: Cambridge University Press, 1985)

T. S. Reynolds and T. Bernstein, 'Edison and "the chair"', *IEEE Technology and Society*, 8 (March 1989)

Pietra Rivoli, *The Travels of a T-shirt in the Global Economy: an Economist Examines the Markets, Power and Politics of World Trade* (Hoboken, NJ: Wiley, 2005)

Nathan Rosenberg, *Perspectives on Technology* (Cambridge: Cambridge University Press, 1976)

— *Inside the Black Box* (Cambridge: Cambridge University Press, 1982)

— *Exploring the Black Box* (Cambridge: Cambridge University Press, 1994)

Edmund Russell, *War and Nature: Fighting Humans and Insects with Chemicals from World War I to Silent Spring* (Cambridge: Cambridge University Press, 2001)

Witold Rybczynski, *One Good Turn: A Natural History of the Screwdriver and the Screw* (New York: Simon & Schuster, 2000)

Raphael Samuel, 'The workshop of the world: steam power and hand technology in mid-Victorian Britain', *History Workshop Journal*, No. 3 (1977)

— *Theatres of Memory: past and present in contemporary culture* (London: Verso, 1994)
Charles Sabel and Jonathan Zeitlin, 'Historical Alternatives to Mass Production: Politics, Markets and Technology in Nineteenth-century Industrialization', *Past and Present*, No. 108 (1985)
Virginia Scharff, *Taking the Wheel: Women and the Coming of the Motor Age* (Alburquerque: University of New Mexico Press, 1992)
Eric Schatzberg, *Wings of Wood, Wings of Metal: Culture and Technical Choice in American Airplane Materials, 1914–1945* (Princeton: Princeton University Press, 1998)
— '*Technik* comes to America: changing meanings of *Technology* before 1930, *Technology and Culture*, vol. 46 (2006)
Eric Schlosser, *Fast Food Nation* (London: Penguin, 2002)
Ralph Schroeder, 'The Consumption of Technology in Everyday Life: Car, Telephone, and Television in Sweden and America in Comparative-Historical Perspective', *Sociological Research Online*, Vol. 7, No. 4
Ruth Schwartz Cowan, *More Work for Mother: the Ironies of Household Technology from the Open Hearth to the Microwave* (New York: Basic Books, 1983)
Stephen I. Schwartz, *Atomic Audit: the Costs and Consequences of U.S. Nuclear Weapons since 1940* (Washington: Brookings Institution Press, 1998)
Philip Scranton, *Endless Novelty: Specialty Production and American Industrialisation* (Princeton: Princeton University Press, 1997)
Neil Sheehan, *The Bright Shining Lie: John Paul Vann and America in Vietnam* (London: Vintage, 1989)
Haruhito Shiomi and Kazuo Wada (eds.), *Fordism Transformed: the Development of Production Methods in the Automobile Industry* (Oxford: Oxford University Press, 1995)
Bruce Sinclair (ed.), *Technology and the African-American Experience: Needs and Opportunities for Study* (Cambridge, MA: MIT Press, 2004)
John Singleton, 'Britain's Military Use of Horses 1914–1918', *Past and Present*, No. 139 (1993)
James Small, *The Analogue Alternative: the Electronic Analogue Computer in Britain and the USA, 1930–1975* (London: Routledge, 2001)
Vaclav Smil, *Energy in World History* (Boulder: Westview Press, 1994)
Anthony Smith (ed.), *Television: an international history* (Oxford: Oxford University Press, 1995)
Merrit Roe Smith (ed.), *Military Enterprise and Technological Change: Perspectives on the American Experience* (Cambridge, MA: MIT Press, 1985)

Merrit Roe Smith and L. Marx (eds.), *Does Technology Drive History? The Dilemma of Technological Determinism* (Cambridge, Mass: MIT Press, 1994)

Raymond G. Stokes, *Constructing Socialism: Technology and Change in East Germany 1945–1990* (Baltimore: Johns Hopkins University Press, 2000)

Anthony Stranges, 'Friedrich Bergius and the Rise of the German Synthetic Fuel Industry', *ISIS* vol. 75 (1984)

— 'From Birmingham to Billingham: high-pressure coal hydrogenation in Great Britain', *Technology and Culture*, Vol. 26 (1985)

A. C. Sutton, *Western Technology and Soviet Economic Development 1930 to 1945* (Stanford: Hoover Institution, 1971)

— *Western Technology and Soviet Economic Development 1945 to 1965* (Stanford: Hoover Institution, 1973)

Andrea Tone, *Devices and Desires: a History of Contraceptives in America* (New York: Hill and Wang, 2001)

J. N. Tønnessen and A. O. Johnsen, *The History of Modern Whaling* (trans. by R. I. Christophersen) (London: Hurst, 1982)

Colin Tudge, *So Shall We Reap* (London: Allen Lane, 2003)

Martin Van Creveld, *Technology and War: from 2000 BC to the Present* (London: Brassey's, 1991)

W. Vincenti, *What Engineers Know and How They Know it: Studies from Aeronautical History* (Baltimore: Johns Hopkins University Press, 1990)

P. Weindling, 'The uses and abuses of biological technologies: Zyklon B and gas disinfestation between the First World War and the Holocaust', *History and Technology*, Vol. 11 (1994)

Tony Wheeler and Richard l'Anson, *Chasing Rickshaws* (London: Lonely Planet, 1998)

Langdon Winner, *Autonomous Technology: Technics-out-of-Control as a Theme in Political Thought* (Cambridge, MA: MIT Press, 1977)

Peter Worsley, *The Three Worlds: Culture and World Development* (London: Weidenfeld and Nicolson, 1984)

Jonathan Zeitlin, 'Flexibility and Mass Production at War: Aircraft Manufacturing in Britain, the United States, and Germany, 1939–1945', *Technology and Culture*, Vol. 36 (1995)

Journals

History and Technology
History of Technology
ICON
Technology and Culture

致谢

本书成书的动力出自以下的信念：把新的更为适切的科技史放入全球史中，会让这两种历史都变得更好。这样的计划很难算得上原创。费弗尔与布洛克在1929年创办《年鉴》（*The Annales*），在1935年出版了该刊的第一个专号，其主题是科技史；他们希望科技史能够发展成为一般史的一部分。我很高兴《老科技的全球史》一书的许多关键论点，最早是出现在《年鉴》第二份技术史专号上，其专题主编是伊夫·柯亨与多米尼克·佩斯特。我在知识上得益于他人之处，则记录于那些简短且刻意缩限其篇幅的批注里以及本书的书目中；这一书目是进一步阅读的指南。这一目录无法完全传达我获益于“自下而上的史学”之处，因为这本书也有赖不少非学术性的材料。

我主张要避免将创新与使用混为一谈，也有必要为两者写出新的全球史；我很感激世界各地那些能看出这样论点之优点的学者。我曾在以下的学术机构参加讨论会与发表演讲，并由参与者的评论获益良多；它们是（按照时间顺序）蒙得维的亚的共和大学、巴黎的社会科学高等学院、伦敦的经济事务研究所、斯德哥尔摩的皇家工学院；以及下列的大学：雅典大学、巴斯大学、剑桥大学、曼彻斯特大学、台湾清华大学、康奈尔大学、麻省理工学院以及威斯康星大学麦迪逊分校。我在许多学术会议与研讨会上报告过本书的主题，并从听众的反馈中学到许多：伦敦的历史研究所的英美学术研讨会、丘吉尔学院的日本学术振兴会研讨会、加泰罗尼亚科学与技术史学会的研讨会、全国工程师协会在锡罗斯岛举办的“过去与现在”研讨会、阿姆斯特丹的科技史学会研讨会，以及曼彻斯特大学的“科学、技术与医学史中的重大议题”研讨会。帝国学院的“科技史的新意”研讨会也让我获益良多，特别是约翰 · 皮克斯通、斯万特 · 林德奎斯特、艾瑞克 · 沙兹伯格与帕普 · 恩迪亚的报告。

我很感激许多的同侪，包括帝国学院的科学、技术与医学史中心的同事。本书的核心观念最早是于十多年前向帝国学院的硕士班学生报告的，而近年来我也曾经尝试向本科学生讲述这些理念。我很感谢这些学生，特别是其研究和经验让我的知识有所增长的学生，包括 Toby Barklem、Roger Bridgman、Benjamin Fu Rentai、Mohammad Faisal Khalil、Groves Herrick、Emily Mayhew、Neilesh Patel, Russell Potts, Andrew Rabeneck, Sarah Ross、Claire Scott, Brian Spear、James Watson 以及已经过世的 Nick Webber。

以下这几位为我提供信息或者在其他方面协助了我：Jonathan Bailey、René Boretto Ovalle, Dana Dalrymple、Julio Dávila、Hans-Liudger Dienel、Andrés Di Tella, Jennifer Dixon、Sithichai Egoramaiphol、Mats Fridlund, Delphine Gardey, Roberto Gebhardt、David Goodhart、Leslie Hannah、John Howells、Terence Kealey、John Krige、Simon Lee、李尚仁、Svante Lindqvist、Santiago López García、José- Antonio Martín Pereda、Bryan Pfaffenberger、Lisbet Rausing、Irénée Scalbert、Eric Schatzberg、Ralph Schroeder, Adam Tooze、Clio Turton、ristotle Tympas、Valdeir Rejinaldo Vidrik、吴泉源以及 Diana Young。

帝国学院的博士班学生对本书较早的版本提供了不可或缺的批评，我特别感激以下学生Jessica Carter、Sabine Clarke、Ralph Desmarais、Miguel García-Sancho、Neil Tarrant、Rosemary Wall和Waqar Zaidi。Jim Rennie是本书初稿的重要批评者。Andrew Franklin委任我写本书并且耐心等待，他不只让本书增色许多，此外他对书籍、独立出版与历史的信念，也为本书的论点做出示范。我对他以及侧影出版社（Profile）其他工作人员，特别是Daniel Crewe，致以热烈的谢忱。感谢Alexander Rose指出本书精装本中的错误，这些错误在此一平装本中已经改正，而且还加入一些小细节的厘清。

图片来源

图 1 G. Eric and Edith Matson Photograph Collection, Library of Congress

图 2 Russell Lee, Farm Security Administratio – Office of War Information Photograph Collection, LC

图 3 NASA

图 4 US Department of Defense, National Archives, College Park

图 5 Historic American Engineering Record, LC

图 6 Underwood & Underwood, LC

图 7 George Grantham Bain Collection, LC

图 8 Yuri Lev

图 9 LC

图 10 Orville or Wilbur Wright, LC

图 11 Howard R. Hollem, Farm Security Administration – OWI Photograph Collection, LC

图 12 author 's photograph

图 13 Staff Seargent, Calvin C. Williams, Department of Defence, National Archives, College Park

图 14 Vickers Photographic Archive, Dock Museum Barrow in Furness

图 15 Margaret Bourke-White, Gandhi Serve Foundation

图 16 VPA, Dock Museum Barrow in Furness

图 17 author's collection

图 18 OWI, National Archives, College Park

图 19 H. A. Edgerton, author's collection

图 20 VPA, Dock Museum Barrow in Furness

图 21 Strohmeyer & Wyman, LC

图 22 Centre for Disease Control

图 23 London: Pitman, 1947

图 24 Alfred T. Palmer, OWI, LC

图 25 H. A. Edgerton, author’ s collection
图 26 OWI, National Archives, College Park
图 27 Tom Pietrasik

译名对照表

A

阿布格莱布（监狱） Abu Ghraib

阿彻·马丁 Archer Martin

阿的平（麦帕克林） Atebrin (mepacrine)

阿尔贝特·韦伯 Albert Weber

阿尔伯特·施佩尔 Albert Speer

阿尔诺·彭齐亚斯 Arno Penzias

阿勒波（叙利亚） Aleppo

阿莫地喹 amodiaquine

埃尔伯特·加里 Elbert Gary

埃利萨尔德（西班牙汽车品牌） Elizalde

埃罗尔·莫里斯 Errol Morris

埃米尔·德瓦蒂内 Emile Dewoitine

艾梅·赛泽尔 Aimé Césaire

艾萨克·舍恩伯格 Isaac Schoenberg

爱克发彩色胶卷 Agfacolor

奥斯威辛－比克瑙集中营 Auschwitz-Birkenau

B

巴斯夫 BASF

巴兹尔·利德尔·哈特 Basil Liddell Hart

拜杜法案 Bayh-Dole Act

斑疹伤寒 typhus

保健系统 health system

保罗·赫尔曼·穆勒 Paul Hermann Müller

保罗·萨巴捷 Paul Sabatier

鲍里斯·罗辛 Boris Rosing

贝尔格拉诺号（原十月十七日号）巡洋舰 Belgrano

备用科技 reserved technology

比尔·盖茨 Bill Gates

比利·毕晓普 Billy Bishop

比利·怀德 Billy Wilder

庇隆将军 General Perón

避孕药（口服） Pill, oral contraceptive pill

标准价格 standard rates

波尔布特 Pol Pot

波纹铁皮（白铁） corrugated iron (galvanised iron)

博尔赫斯 Jorgo Luis Borges

钚弹 plutonium bomb

布鲁诺·拉图尔 Bruno Latour

C

操舵装置 steering gear

查尔斯·丹尼斯顿·伯尼爵士 Sir Charles Dennistoun Burney

超音速燃烧冲压式喷气发动机 scramjet

潮汐预测器 tide predictor

成本优势 cost advantage

成组技术 group technology

冲洗阴道（避孕） douche

传播 diffusion

船上厨房 galley

创业型大学 entrepreneurial university

次级效应 secondary effect

催化转化器 catalytic converter

D

达恩·米特廖内 Dan Mitrione

打孔卡机 punched-card machine

大规模生产 large-scale production

大力神号航空母舰 Hercules

大量生产 mass production

大修 overhaul

  大修间隔 time between overhaul, TBO

丹尼斯·加博尔 Dennis Gabor

弹性绷带 elasticated plaster, Elastoplast

党卫军特别行动队 Einsatzgruppen

帝国化学工业 Imperial Chemical Industries, ICI

蒂姆·蒙大维 Tim Mondavi

电气化 electrification

电信 telecommunication

电休克治疗 ECT

动态效率 dynamic efficiency

毒气室 gas chamber

堕胎药 abortificient

E

厄内斯特·盖尔纳 Ernest Gellner

厄普顿·辛克莱 Upton Sinclair

恩斯特·刘别谦 Ernst Lubitsch

恩斯特·海因克尔 Ernst Heinkel

二冲程发动机 two-stroke engine

F

法国航空 Air France

法兰西号邮轮 SS France

帆船效应 sailing ship effect

凡·克瑞福德 Van Creveld

菲利普·安德森 Philip Warren Anderson

费希尔托罗普施法，费－托法 Fischer-Tropsch process

凤凰号巡洋舰 Phoenix

弗赖本托斯（乌拉圭） Fray Bentos

弗雷德·路特 Fred A. Leuchter Jr

弗雷德里克·琼斯 Frederick Jones

弗里茨·哈伯 Fritz Haber

弗里德里希·贝吉乌斯 Friedrich Bergius

福特森（拖拉机品牌） Fordson

福特主义 Fordism

  后福特主义 Post-Fordism

  福特化 Fordisation

复仇号航空母舰 HMS Vengeance

复古 retro

副产品 spin-off

G

改进型气冷反应堆 advanced gas-cooled reactor, AGR

盖尔·德·乌纳穆诺 Miguel de Unamuno

干船坞 dry-dock

高超音速飞机 hypersonic aeroplane

高弗雷·豪斯费尔德 Godfrey Hounsfield
高频无线电传输 high-frequency radio transmission
戈登·摩尔 Gordon Moore
戈林 Hermann Goering
格尔德·宾宁 Gerd Binnig
格里戈里·托卡耶夫 Grigory Tokaev
格罗夫斯陆军准将 / 莱斯利·格罗夫斯陆军准将 General Groves / General Leslie Groves
格特鲁德·埃利恩 Gertrude Elion
工业制成品 manufactured goods
宫内节育器 IUD
共和 F-84 战斗机（雷电喷气） Republic F-84 fighter-bomber (Thunderjet)
古列尔莫·马可尼 Guglielmo Marconi
古斯塔夫·埃里克松 Gustaf Erikson
固态物理学 solid-state physics
规模经济 economies of scale
滚珠轴承 ball-bearing
国家创新体系 National Systems of innovation
国家工程师 state engineer
国家科技计划 techno-national project
国族 nation
　国族主义 nationalism

H

哈伯－博施法 Haber-Bosch process
哈兰德与沃尔夫造船厂 Harland and Wolff shipyard
海因里希·罗雷尔 Heinrich Rohrer
含氟氯烃气体 CFC gas
航空工程 aeronautical engineering
航天器运载火箭 space launcher
合成化学 synthetic chemistry
合成类固醇激素 synthetic steroidal hormone
合成油 synthetic oil
亨利·戴尔 Henry Dale
亨利·福特 Henry Ford
亨利·莫兹利 Henry Maudslay
横滨弁天通街 Benten-Tori Street
横帆船 square-rigged ship
胡安·德·拉·谢尔瓦 Juan de la Cierva
化油器 carburettor
化学实体 chemical entity
怀特 E. B. White
环锭细纱机 ring-spindle spinning machine
皇家恩菲尔德子弹型摩托车 Royal Enfield Bullet motorcycle
皇家飞剪号帆船 Royal Clipper
磺胺药物 sulphonamides
霍斯特·斯特默 Horst L. StÖrmer

J

机械与拖拉机站 Machine and Tractor Station
集装箱 container
计算尺 slide rule
计算器 computing machine
季斯卡 Valéry Giscard d'Estaing
加里·吉尔摩 Gary Gilmore
加州爱德华兹空军基地 Edwards Air Force Base in California
嘉宝 Greta Garbo
胶合板 plywood-glue
杰克·基尔比 Jack S. Kilby
芥子气 mustard gas

精密工程 precision engineering

精确制导武器 precision-guided weapon

警犬防空导弹 Bloodhound

静态效率 static efficiency

巨大主义 gigantism

军事工业 military industry

K

卡尔·博施 Carl Bosch

卡尔·米勒 Karl Alexander Müller

卡拉什尼科夫突击步枪（AK-47） Kalashnikov assault rifle

卡拉维拉尔角 Cape Canaveral

开山刀 machete

柯达克罗姆 Kodachrome

科技分享 technological sharing

科技国族主义 techno-nationalism

科技全球主义 techno-globalism

科技时间 technological time

科技转移 technology transfer

科学技术革命 Scientific-Technical Revolution

可敬号航空母舰 HMS Venerable

克劳德·道尼尔 Claude Dornier

克里奥尔科技 creole technology

克林顿·戴维森 Clinton Davisson

空气动力学 aerodynamics

空中加油飞机 air-refuelling tanker

控制理论 control theory

库尔特·谭克 Kurt Tank

库尔特·阿尔德 Kurt Alder

奎宁 quinine

L

拉迪斯劳·荷赛·比罗 Ladislao José Biro

拉斯卡 lascar

蜡质圆筒 wax cylinder

朗讯科技 Lucent Technologies

勒·柯布西耶 Le Corbusier

勒布兰法 Leblanc process

雷姆·库哈斯 Rem Koolhaas

李-恩菲尔德步枪 Lee-Enfield Rifle

理查德·辛格 Richard Synge

利基市场 niche market

利维奥·丹特·波尔塔 Livio Dante Porta

林白 Charles Lindberg

林丹（杀虫剂） Gammexane

刘易斯·芒福德 Lewis Mumford

流体力学 fluid mechanics

路德维希·哈切克 Ludwig Hatschek

伦敦、米德兰和苏格兰铁路公司 London, Midland and Scottish Railway, LMS Railway

伦敦及东北铁路公司 London and North Eastern Railway

伦敦科学博物馆 London Science Museum

轮机舱 engine room

罗伯特·奥本海默 Robert Oppenheimer

罗伯特·福格尔 Robert Fogel

罗伊·梅德韦杰夫 Roy Medvedev

洛斯阿拉莫斯 Los Alamos

洛伊纳 Leuna

氯胍（百乐君） proguanil (paludrine)

氯喹 chloroquine

M

马克·格雷瓜尔 Marc Grégoire

马力竞赛 horsepower race

玛格丽特·桑格 Margaret Sanger

玛丽·斯托普斯 Marie Stopes

迈克尔·诺伊费尔德 Michael Neufeld

曼哈顿工程区 Manhattan Engineer District
曼哈顿计划 Manhattan Project
梅塔克萨斯 Metaxas
美国国家航空航天局 NASA
美国国家科技奖章 National Medal of Technology of the United States
美国陆军工程兵团 US Army Corps of Engineers
美国陆军航空兵团（美国陆军航空军前身） US Army Air Corps, USAAC
美国陆军航空军（美国空军前身） US Army Air Force, USAAF
美国食品药物管理局 US Food and Drug Administration
美国无线电公司 RCA
美国战略轰炸调查组 US Strategic Bombing Survey, USSBS
镁诺克斯型反应堆 Magnox reactor
米纳斯吉拉斯号（原复仇号）航空母舰 Minas Gerais
棉纺工业法案 Cotton Industry Act
摩托动力化 motorisation

N

脑叶切除术 lobotomy
内生增长理论 endogenous growth theory
尼尔斯·古斯塔夫·达伦 Nils Gustaf Dalén
农村电气化局（美国） Rural Electrification Agency
农林 10 号（小麦品种） Norin No. 10
挪威号（原法兰西号）邮轮 Norway

O

欧内斯特·盖尔纳 Ernest Gellner
欧文·朗缪尔 Irving Langmuir

P

帕尔米罗·陶里亚蒂 Palmiro Togliatti
盘尼西林（青霉素） penicillin
泡茶机器 tea-making machine
喷气式发动机 jet engine
批量生产 batch production
贫民窟（特指以里约热内卢为典型的） favela
贫民窟（一般意义上的） slum
破片人员杀伤弹 anti-personnel fragmentation bomb

Q

西格弗里德·吉迪恩 Siegfried Giedion
齐克隆 B（氰化氢） Zyklon B
牵引 traction
强生 Johnson and Johnson
乔治·赫伯特·希青斯 George Hitchings
乔治·吉辛 George Gissing
氰化氢 Hydrogen cyanide
去富农化 dekulakise
全球自由市场 global liberal free market

R

燃料经济 fuel economy
热机 heat engine
人力车 rickshaw
人力三轮车 cycle-rickshaw, trishaw
牛津三轮车 Oxtrike
手拉人力车 hand-pulled rickshaw
自动人力车 auto-rickshaw

人造黄油 margarine
瑞辉 Pfizer

S

洒尔佛散 Salvarsan
三联往复式航海蒸汽机 triple-expansion reciprocating marine steam engine
散装货物 bulks
杀精剂 spermicide
摄政公园 Regent's Park
胜家缝纫机公司 Singer Sewing Machine Company
胜利2型火箭 Bumper V-2
十月十七日号(原凤凰号)巡洋舰 17 of October
石蜡灯 paraffin lamp
石棉水泥 asbestos-cement
石棉瓦 corrugated asbestos-cement
时间感 sense of time
使用中的科技 technology-in-use
市场失灵论 market failure argument
手纺车 spinning wheel
手摇水泵 hand water pump
舒马赫 E. F. Schumacher
数字信号处理芯片 Digital Signal Processing chip
斯普特尼克卫星 Sputnik
索耳末法 Solvay process

T

塔崩(神经毒气) tabun
太空飞机 space aeroplane
汤姆·沃尔夫 Tom Wolfe
特氟龙(聚四氟乙烯) Teflon (PTFE)
特拉班特 Trabant
铁道机车 rolling stock
铁皮屋顶 tin roof
停机时间 downtime
通用电力公司(德国) AEG
通用电气 General Electric
通用电气实验室 General Electric Laboratory
通用科技 general-purpose technology
通用汽车 Gereral Motors
腿部溃疡 leg ulcer
拖网渔船 trawler

W

瓦拉瓦拉县(美国华盛顿州) Walla Walla County
瓦伊拉斯(秘鲁) Huaylas
外来人口居住区(特指以危地马拉城为典型的) asentamiento
万国收割机 International Harvester
威尔伯·莱特 Wilbur Wright
威利斯·开利博士 Dr Willis H. Carrier
威廉·肖克利 William Shockley
威权的 authoritarian
微分分析仪 differential analyser
韦尔斯 H. G. Wells
违建区 shanty town
维克兰特号(原大力神号)航空母舰 Vikrant
维修科技 terotechnology
未来城 Alphaville
文化滞后 cultural lag
蚊式轰炸机 Mosquito
沃尔特·布拉顿 Walter Houser Brattain
沃尔特·罗利爵士 Sir Walter Raleigh
沃尔特·能斯特 Walter Nernst

无畏级战舰 dreadnought
无重量的 weightless
五月二十五日号(原可敬号)航空母舰 Veinticinco de Mayo

X

西方电气 Western Electric
希腊人民解放军 ELAS
希平波特核反应堆 Shippingport nuclear reactor
希斯巴诺-苏莎 Hispano-Suiza
仙童半导体公司 Fairchild Semiconductor
乡村船 country-boat
小仓兵工厂(日本) Kokura Arsenal
小鹰镇 Kitty Hawk
协和式超音速客机 Concorde supersonic airliner
信息高速公路 information superhighway
信息与传播科技 information and communication technology, ICT
星球大战计划 the Star Wars programme
学院科学 academic science

Y

压水式反应堆 pressurised water reactor
亚历山大·德·塞维尔斯基 Alexander de Seversky
亚历山大·斯塔帕诺维奇·波波夫 Alexander Stepanovitch Popov
研发成本 R&D costs
衍生科技 spin-off technology
伊士曼柯达 Eastman Kodak
依尔福有限公司 Ilford Limited
宜家家居公司 IKEA
印度国民大会党 Indian National Congress
印度斯坦汽车公司 Hindustan Motors
英国保诚保险公司 Prudential Insurance Company
英国电力发展协会 British Electrical Development Association
英国航空 British Airways
英国皇家空军 RAF
英瓦尔·坎普拉德 Ingvar Kamprad
硬质合金 cemented-carbide
尤里·加加林 Yuri Gagarin
尤斯图斯·冯·李比希 Justus von Liebig
邮购目录 mail-order catalogue
油轮 oil tanker
油桶城 bidonville
有机磷酸酯 organophosphate
鱼雷艇 motor torpedo boat
约翰·巴丁 John Bardeen
约翰·罗伯特·范恩 John Vane
约翰内斯·贝德诺尔 Johannes Georg Bednorz
熨衣机 ironer

Z

詹姆斯·怀特·布莱克 James Black
战略轰炸 strategic bombing
长荣景时期 the long boom
长尾船 long-tailed boat
珍妮纺纱机 spinning jenny
芝加哥肉品批发商 Chicago meatpackers
枝编工艺 wickerwork
制霉菌素 Nystatin
质性改变 quality changes
中继器 repeater
重于空气的 heavier-than-air
朱棣文 Steven Chu

注射死刑 lethal injection
资本货物 capital good
子宫帽 diaphragm
自动生产线 transfer machine
自给自足 autarky
走锭纺纱机 spinning mule
祖传之斧 my grandfather's axe